üse Weilai Congshu

本丛书编委会　董倩超　欧阳秀娟◎编著

绿色未来丛书

知道与做到：
日常节能环保从我做起

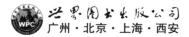
世界图书出版公司
广州·北京·上海·西安

图书在版编目（CIP）数据

知道与做到：日常节能环保从我做起/《绿色未来丛书》编委会编．—广州：广东世界图书出版公司，2009.11（2024.2 重印）
（绿色未来丛书）
ISBN 978－7－5100－1273－0

Ⅰ．知… Ⅱ．绿… Ⅲ．①节能－普及读物②环境保护－普及读物 Ⅳ. TK01－49　X－49

中国版本图书馆 CIP 数据核字（2009）第 191238 号

书　　名	知道与做到：日常节能环保从我做起	
	ZHI DAO YU ZUO DAO RI CHANG JIE NENG HUAN BAO CONG WO ZUO Q	
编　　者	《绿色未来丛书》编委会	
责任编辑	吴怡颖	
装帧设计	三棵树设计工作组	
出版发行	世界图书出版有限公司　世界图书出版广东有限公司	
地　　址	广州市海珠区新港西路大江冲 25 号	
邮　　编	510300	
电　　话	020-84452179	
网　　址	http://www.gdst.com.cn	
邮　　箱	wpc_gdst@163.com	
经　　销	新华书店	
印　　刷	唐山富达印务有限公司	
开　　本	787mm×1092mm　1/16	
印　　张	13	
字　　数	160 千字	
版　　次	2009 年 11 月第 1 版　2024 年 2 月第 8 次印刷	
国际书号	ISBN　978-7-5100-1273-0	
定　　价	49.80 元	

光辉书房新知文库
"绿色未来"丛书(第二辑)

主 编：

史光辉　原《绿色家园》杂志社首任执行主编

编 委：

杨　鹏　阿拉善 SEE 生态协会秘书长

姜　鲁　生态中国工作委员会宣传办副主任

吴芳和　《中国大学教学》编辑部副主任

殷小川　首都体育学院心理教研室教授

高华程　中国教育报社资深编辑

尚　婧　中央电视台社教中心社会专题部编导

马驰野　独立制片人，原中央电视台《绿色空间》编导

凤　鸣　中央电视台科教节目制作中心编导

李　力　北京环境友好公益协会会长

程朝晖　成都市环保监督专员办公室监察处长

吕鹤民　北京十中生物高级教师

权月明　中华文化发展促进会研究员

王秦伟　上海世纪出版集团格致出版社副总编

执行编委：

于　始　欧阳秀娟

"光辉书房新知文库"

总策划/总主编:石　恢

副总主编:王利群　方　圆

本书作者

董倩超　欧阳秀娟

序：我们需要永无止境的战斗

上世纪 60 年代末，一位 25 岁的美国哈佛大学学生，丹尼斯·海斯，在美国发起了一个覆盖全美各地的宏大的社区性活动计划。1970 年 4 月 22 日这一天，有 2000 万人参加了一个叫做"地球日"的声势浩大的活动。这是人类有史以来第一次规模如此巨大的群众性环境保护运动。20 年后这一天，全世界共有 140 多个国家，2 亿多人，在各地纷纷举行多种多样的环境保护宣传活动。从此每年的"地球日"成为"世界地球日"。

事实上，面对人类生存环境的变化，人类并非无动于衷。国际社会和各国政府都做出了积极的反应，将保护地球环境问题作为最为重要问题来对待。特别是新世纪年来，已有一系列有关环境的全球公约得以通过并实施。2000 年的联合国千年首脑会议通过的"千年发展目标"中有相当一部分与环境保护问题有关。2002 年可持续发展世界首脑会议上也就生物多样性及化学品管理等问题达成了协议。2004 年国际可再生能源会议上，与会各国通过了一项可再生能源国际行动计划。全球瞩目的旨在控制温室气体排放的《京都议定书》于 2005 年生效。这一系列的国际公约有利于推动环境问题的国际合作，并巩固和加强各国在环保目标上的承诺。

然而，尽管人类保护地球的行动取得了一些成果，但地球的命运却并没有因此而有所显著改善，我们所面临的环境挑战，依然十分严峻。联合国发布的《千年生态系统评估报告》显示，最近 50 年余年来，人类在最大限度地从自然界获得各种资源的同时，也以前所未有的规模破坏了全球生态环境，生态系统退化的后果正在越来越清楚地显现出来。

不幸我们已经看到，最近以来的地震、海啸、冰雪、旱涝等重大破坏性的自然灾害频频发生；人类的健康也正在受到新的威胁，非典、禽流感、甲型 H1N1 等一些新的疾病相继出现，而一些旧有疾病则开始以新的变异抗药形式出现。

大自然在不停地警示与报复，这是我们今天面临的无可逃避的现实。

我们该怎么办？我们能做些什么？

是的，我们一直在努力。我们有世界环境日无车日减灾日无烟日湿地日等等，我们有节能减排植树活动生物多样性保护防治荒漠化和干旱等等，我们还有垃圾归类电池回收环保购物减少白色污染等等。

但是，人类的经济生产活动在不断的膨胀，新技术还在不断地涌现，环境问题面临着一个又一个新的难题，且日趋严重。

为了我们人类共同的地球家园，现在，我们每一个人、每一个民间组织和社会团体、每一个国家政府以及国际社会组织，都已经别无选择，必须通力协作，长期协作。我们需要的是一场永无止境的战斗，一场保卫家园的战斗。

本世纪初年，《绿色家园》杂志的创办人李庆文先生在其创刊词中，曾满怀激情的谈到他加入到绿色呐喊的行列"是富有挑战性的崇高的人生追求，是胸中热情与责任不断奔涌、升华的结晶，是超越现实功利奉献人类的价值理念的奋力张扬，是对人类与自然历史长河中的征服与摧残、索取与破坏、胜利与失败惨痛教训的大彻大悟，是面对现实中许许多多的人仍然贪得无厌、无休无止、近似于疯狂、愚昧无知地破坏着自然、损害着自己观念行为，充满着激情与理性的批判"。

我们一直在行动，我们还需要持续的行动。

就让我们持续地做好身边的每一件小事情吧。

原《绿色家园》杂志社首任执行主编

前　言

我们人类赖以生存的地球正在遭受毁灭性的伤害。地球表面超过一半的原始形态已被人类的各种活动改变，加臭氧空洞、温室效应、物种灭绝、资源枯竭、土地荒漠等，恶化了人类生存环境，也加剧了世界各国的社会危机。而这归根到底是人类对资源和环境的掠夺与不合理的使用所造成的。

于是，"节能、环保"便被严峻的现实推到每一个人面前，成为社会密切关注的话题，它与我们的生活密切相关，却又往往容易被人们在实际生活中所忽略。

环境污染、生态破坏情况日益严重，各种资源的不合理开发使用造成资源的浪费，并日渐枯竭。早在 20 世纪 90 年代，环境污染问题就已非常严重。如淮河流域，在 20 世纪 90 年代五类水质就占到了 80%，整个淮河常年就如同一条巨大的污水沟。全国七大江河水系中，完全没有使用价值的水质已超过 40%。全国 668 座城市，有 400 多个处于缺水状态。其中有不少是由水质污染引起的。水资源危机不断蔓延发展并伴随着淡水资源的减少出现水荒。如按当前的水资源消耗模式继续下去，到 2025 年，全球将有 35 亿人口缺水，涉的国家和地区将超过 40 个。不仅是水资源危机，人类不合理的作业还带来了温室效应、大气污染、水土流失、生态环境的不断恶化。此外，煤、石油、天然气等能源由于人们的过度使用，也出现能源短缺现象。如果人类再这么无休止地开采下去，不善待我们赖以生存的地球的话，我们在不久的将来就会面临一场生存危机。

面对各种能源危机和环境问题，越来越多的人开始呼吁节能环保，各种节能环保的政策及措施都已成为我们耳熟能详的文明生活发展趋势，然而我们对其真正深入了解认识了吗？我们的日常工作和生活中是否真正地做到了呢？是不是还是一副听的时候专心，过后说起开心，做的时候不用心的模样呢？节能环保并不是我们多喊几句口号就可以实现的，它需要我们真正地从实际生活中去发现，然后实践，是我们每个人都应该参与进去的活动。我们应该从身边的小事做起，比如洗衣、做饭、养鱼、种花……生活中只要你留意，就能做到节能环保。

那么，是不是我们这样做了，就真正做到了节能环保了呢？

你节省了几度电，家用电器怎样使用才更省电，你喝的水到底是不是洁净，你穿的衣服到底会不会对环境造成污染，食品和药品怎样吃才算健康，室内花卉该放在哪儿……这点点滴滴的事情无不关联着社会、我们自身的健康和生活环境。在日常生活中，关于这些方面的节能环保知识我们又了解多少？我们又做到了多少？本书将从日常生活中的各个方面入手，给读者以提醒，指出某些认识上的不足和误区，同时尽所能给出预防治理的措施。不仅如此，希望通过这本书能与每一位读者一起，共同做一名环保人，爱护我们身边的环境，爱护我们唯一的家园。

目 录

contents

用电篇

电，对于人们来说并不陌生，它在日常生活中扮演了非常重要的角色，随着社会的发展，电越来越多地被运用在社会的各个方面。照明、做饭、看电视、上网、乘电梯等一系列活动都离不开电，它是我们社会生产、日常生活一刻都离不开的能源。很多人在平时对"节约用电"只是口号式地响应，并没有在实际行动中实施，总是等到每年夏天出现电荒的时候才意识到电的重要性。

会不会有一天它们无电可亮

煤、水、石油等都是用来发电的宝贵资源，尤其是煤、石油作为不可再生的资源，它们的燃烧，转换成为我们使用的每一度电都十分珍贵。我们每一个人的手中都掌握着珍贵的能源，掌握着国家发展富强、人民安居乐业的命脉。据国家的权威部门统计，家庭用电已经占全社会用电的12%左右，其中，我们家里的冰箱、空调、电视机、电热水器就占了家庭用电总量的80%以上。家庭是社会的细胞，如果每个家庭都有了节约意识和节约措施，那么我们将为社会节约下巨大的财富。"节约用电，人人有责"，这不仅仅是一句口号，而应该付诸行动。节约用电作为一个永久的话题，无论是在温馨的家里、还是在忙碌的办公室，抑或是在公共场所，我们必须承担起节约用电的责任，从点滴做起，养成节约用电的好习惯，用好每一度电，节约多一度电。聚沙成塔，滴水成河。节约用电要求我们掌握用电的技巧方法，科学节电不仅可以节约能源而且还给你节约了金钱。但是如果方法不当，必然会适得其反。因此我们在工作和生活中在科学用电的同时还要考虑到节约用电，只有这样才能真正做到资源的节约。

1. 日常节电中的误区

　　节约用电一直以来是一个热门话题。尤其是到了每年夏天，大多数城市都将面临"电荒"的问题，用电紧张问题成为炎热夏季的燃眉之急。国家倡导建立节约型社会，大力宣传节约用电。我们每个人都尽量在实际行动中去落实这个想法。

全民参与节约用电

　　但是对于节电这一解决电能紧张的最经济、最有效的方法，人们并非没有这个意识，而是对其掌握的知识不多。许多人认为，人走灯灭，随手开电视那就是节电；或者在选用家电的时候尽量选择一些节能的电器。我们想当然地认为这样做到了节电，殊不知我们在节电过程中有许多错误的行为，这不仅不能起到省电的作用，反而更加浪费电资源。电器使用完了之后，只关开关不拔插头。许多人认为这没有必要，"拔什么插头呀，那多麻烦啊。再说，开关都关了，怎么能用电呢?"人们对此普遍觉得理所应当。有专家曾说，如果电热水器一天24小时不拔插头，一个月能浪费60~70度电，如果是冬天浪费电能就更多。很多人以为不看电视、不开空调、不开电脑就不会耗电，事实上，使用遥控器开关或不拔下插头，电表照样走字。这种现象用术语来说是"待机能耗"，也就是居民常说的"偷电老鼠"。有数字显示，我国城市家庭的平均待机能耗相当于每个家庭都在使用一盏15~30瓦的长明灯。这给电力资源造成了严重的浪费。此外，还有很多不能合理使用电器的情况，比如，夏天为了贪图凉快把空调的温度调得很低。使用冰箱时放很少的东西。使用节能灯时在很短时间内随手开关灯等等，其实都没有做到正确节电，反而造成了更大的浪费。

常拔插头节约用电

因此，节电必须走出误区，学习科学节电的方法。这样，不仅可以节约能源而且还能节约金钱。

2. 科学节电——给您来支招儿

★ 电饭锅如何节电

电饭锅现在是大多数家庭里面的必备厨具，因为方便快捷，很适合我们现在快节奏的生活。用电饭锅来煮饭、煲汤，只要把原料和水按比例放上，按下电钮开关，过一段时间，饭或汤就好了，然后保温，一直等到您放学或者下班，饭和汤都还是热腾腾的呢！但是，电饭锅也是家里的耗电大户，怎样让它发挥作用的同时还能省电呢？

市场上常用的电饭锅有高低不同的功率，选择什么样的最省电呢？您可能认为做饭用功率小的电饭锅省电，其实不然。实践证明，煮 1 千克的饭，500 瓦的电饭锅需 30 分钟，耗电 0.27 度；而用 700 瓦电饭锅约需 20 分钟，耗电仅 0.23 度，因此，功率大的电饭锅，省时又省电。

多功能电饭锅

在购买时选用节能电饭锅。对同等重量的食品进行加热，节能电饭锅要比普通电饭锅省电约 20%，每台每年省电约 9 度，相应减排二氧化碳 8.65 千克。如果全国每年有 10% 的城镇家庭更换电饭锅时选择节能电饭锅，那么可节电 0.9 亿度，相应减排二氧化碳 8.65 万吨。

在选择电源的时候要注意，千万不要将电饭锅的电源插头接在台灯的分电插座上，这是相当危险的，因为一般台灯的电线较细，安全电流小，容易老化或遇热熔化，而电饭锅的功率较大，所要求的安全电流也大，这样大的电流会使灯线发热，长时间使用会造成触电、起火等事故。因此，一定要配用安全电流大的专用插座才安全耐用。

电饭锅在使用中要避免磕磕碰碰，因为电饭锅的内胆受到磕碰后很容易变形，底部与电热盘就不能很好吻合，煮饭时造成受热不均，容易煮成夹生饭，所以电饭锅要轻拿轻放。

电饭锅的烹调范围较广，但切记不要用电饭锅煮太咸或者太酸的食物。因为它的内胆是铝制的，太咸或者太酸的食物会使内胆受到腐蚀而损坏。

使用电饭锅时最好提前淘米，用开水煮饭，这样，大米一开始就处于高温度的热水中，有利于淀粉的膨胀、破裂，使它尽快变成糊状，不仅可以节电30%，还更容易被人体消化吸收。煮饭用水量要掌握在恰好达到水干饭熟的标准，饭熟后要立即拔下插头。有些人用电饭锅煮米饭，插上插座就去忙别的事了，过了很久才回来把插座拔下来，其实，虽然电饭锅把米饭做好以后，会自动切断电源，但是，如果时间过长，当锅内温度下降到70℃以下时，电饭锅又会自动通电，如此反复，既浪费电又减少电饭锅的使用寿命。

电饭锅的电热盘时间长了被油渍污物附着后出现焦炭膜，会影响导热性能，增加耗电，所以电热盘表面与锅底如有污渍，应擦拭干净或用细砂纸轻轻打磨干净，以免影响传感效率，浪费电能。

★ 空调的节电妙招

关于空调节电，人们可能没有想到太多好的方法。通常是冷了就开，热了也开，温度会调到自己感觉最合适的度数。其实，空调从选购到使用时稍加留意，学会几种科学节电的小窍门，也能做到节电。

首先在选购方面，尽量购买节能空调。一台节能空调比普通空调每小时少耗电 0.24 度，按全年使用 100 小时的保守估计，可节电 24 度，相应减排二氧化碳 23 千克。如果全国每年 10% 的空调更新为节能空调，那么可节电约 3.6 亿度，相应减排二氧化碳 35 万吨。

中国节能认证标志

选择有送风模式的空调更省电。现在不少空调都有立体送风功能，它可以上下、左右自动摇摆送风，使室内温度更均匀。因此，就算把空调制冷的温度调高 2℃，也会感觉同样凉快、舒服，这样的空调可以比普通空调节省两成以上的电。

最好购买变频空调。变频空调能在短时间内达到室内设定温度，而压缩机又不会频繁开启，从而能更好地达到省电、降温的目的。有专家指出，变频空调在启动时用电较一般空调要大，但过了这个阶段耗电就小了，而且现在变频空调的换代产品还有降温速度快的特点，在达到设定温度后，平稳运行时就可省电 30%。以一台普通的 2500 瓦定速空调为例，1 小时耗电量为 1.3 度，如果冬夏两季共运转 180 天，每天运转

5 小时，按电价每度 6 角来算，每年光空调用电就需要支出 702 元；如果使用变频空调，按照目前水平至少能省 35% 的电，每年可节省开支 245 元多！但最重要的是要按照房间大小、户型选择空调功率和类型，这样才能使空调的价值发挥出来。

其次，空调的安装位置与节电也有很大关系。空调不要放在窗口附近。有的人家里因为空间有限，就把空调安在窗台上，其实这样不利于降低开概率，由于"冷空气往下，热气往上"的原理，所以如果把空调安在窗台上，抽出的空气温度低，等于空调在做无功损耗，当然就费电了。

空调要装在适当的高度。根据冷空气重，热空气轻的原理，空调装得越高，在制冷时需要工作的时间就越长。从省电的角度考虑，空调不宜装得过高。空调装在离地面 1.6 米左右比较合适，因为当冷空气的高度达到 1.6 米时，空调就会自动停机了，而这时人在房间里也能感觉到凉爽了。

空调安装应该避免阳光直射。在选择空调的安装位置时应注意，空调不宜安装在阳光直射的地方，以免增加热负荷。如环境不允许，应设置遮阳棚、机身两侧百叶窗必须凸出室外。安装高度应离地 0.75 米以上，有利于空气在室内循环。另外，空调器前面不应有遮挡物，以免影响空气循环。

空调安装切忌挡住出风口，否则会降低冷暖气效果，浪费电力。而且应调节出风口风叶，选择适宜出风角度，冷空气比空气重，易下沉，暖空气则相反。所以制冷时出风口向上，制热时出风口向下，调温效率会大大提高。

连接室内机和室外机的空调配管应该短而且不弯曲，这样制冷效果好并且不费电，即使不得已必须要弯曲的话，也要保持配管处于水平位置。

　　不要给空调的外机穿"雨衣"。有的人担心空调外机因雨雪等气候原因造成损坏和锈蚀，就在空调外机上披上遮雨的材料。其实各品牌空调室外机一般已有防水功能，给空调"穿雨衣"反而会影响散热，增加电耗。

　　最后，在使用空调方面我们最应该注意的几点：

　　空调温度的设定要合理。专家指出，使用空调时，不宜把温度设置太低。家用空调夏季设置温度一般在 26℃～27℃，室内外温差最好为 4℃～5℃。空调每调高 1℃，可降低 7%～10% 的用电负荷。其实，通过改穿长袖为穿短袖、改穿西服为穿便装、改扎领带为扎松领，适当调高空调温度，并不影响舒适度，还可以节能减排。如果每台空调在国家提倡的 26℃ 基础上调高 1℃，每年可节电 22 度，相应减排二氧化碳 21 千克。如果对全国 1.5 亿台空调都采取这一措施，那么每年可节电约 33 亿度，相应减排二氧化碳 317 万吨。适宜的室内外温差可防止"空调病"的发生。人在睡眠时，代谢量减少 30%～50%，应该使用空调的睡眠功能，就是设定在人们入睡的一定时间后，空调器会自动调高室内温度，有的空调定义为经济功能，睡眠时，人体散发的热量减少，对温度变化不敏感，设置温度高 2℃，可达到节电 20%。对于静坐或正在进行轻度劳动的人来说，室内可以接受的温度一般在 27℃～28℃。顺便说一句，开着空调过夜是不好的习惯，不但费电而且很容易引起面部神经麻痹，因此最好不要通宵使用，可以利用"睡眠"功能，并充分利用定时功能，可以省不少电。空调最忌讳无节制地开关，最好要间隔 2～3 小时，来保障压缩机不过载，从而延长空调的寿命。空调是否省电主要由开机次数决定，因为它在启动时最费电，所以要充分利用定时功能，使空调既不会整夜运转，又能保持室内一定的温度。

经常清洗空调过滤网。空调进风口过滤网的作用是把进入空调机的空气中的灰尘过滤干净，就像是空调的"肺"，如果过滤网上的灰尘积累过多，会使进入空调的气流阻力加大，增加空调的负荷，自然会使空调用电增多。一般北方地区的灰尘较多，如果一个月不清洗，过滤网表面积聚的灰尘可能就有 1 毫米厚，如果一个 1000 瓦的空调每天使用 5 个小时的话，耗能大约 5 度，由于灰尘的原因会多消耗 5% 左右的电能，那么每天多消耗 0.25 度的电，整个夏天多消耗 25 度左右，同时由于灰尘上可能吸附有各种有害病菌，也不利于人体健康，因此，空调应在夏季到来前应清洗一次，既节能又卫生。如果过滤网积尘太多，可以把它放在不超过 45℃ 的温水中清洗干净。另外，还应该清洗擦拭制冷器和节水盘，不仅能节约能耗，还可以避免空调滋生细菌。有条件的话，也可以请专业人士定期清洗室内和室外的换热翅片，如果能做到以上这些，可以节省 30% 的电能。

不要频繁开关空调。有的人会认为空调总开着费电，就开一会儿关一会儿，其实这样更费电。为什么呢？因为空调在启动时高频运转瞬间电流较大，频繁开关是最耗电的，并且损耗压缩机，因此千万不要用频繁开关的方法来调节室温。正确的使用方法是：如果室外温度是 30℃，室内温度设定为 26℃～27℃ 就可以了，空调使用过程中温度不能调得过低，因为空调所控制的温度调得越低，所耗的电量就越多，制冷时室温定高 1℃，制热时室温定低 2℃，均可省电 10% 以上，而人体几乎觉察不到这微小的差别。空调运行过程中，如果觉得不够凉，可再将设定温度下调几摄氏度，这时空调高频运行时间短，即可节电；如果觉得太凉，不要关机，就把设定温度调高就行了。设定开机时，设置高冷/高热，以最快达到控制温度的目的；当温度适宜时，改中、低风，可以减少能耗，降低噪音。

调整除湿功能可省电。空调房内的湿度也与节能有很大关系，有时碰到天气闷热难受，不必将空调温度一降再降，这时可以把空调模式置于除湿状态，让室内湿度降下来，这样即使相对温度稍高一些，也会让人感觉舒适凉爽。而且如果屋内空气湿度过大，也会增加空调机的工作负荷。另外，"通风"开关不能处于常开状态，否则将增加耗电量 5% ~ 8%，因为常开通风开关会导致冷气大量外流，最好在清晨气温较低的时候把空调停一停，这样既可省电，又可调节室内空气。

冷气对着门口吹最节能。为了提高制冷效果，空调房间的门和窗、天花板和地板等，必须做到最大限度的密封。选择空调器吹出冷气流最好对着门吹，因为这样做冷气流可抵制从门而入的热空气，如果空调器装在门旁边，当门开着时漏入的热空气很快被空调器吹出的冷气带走，使房间热负荷增加，冷却效果降低。另外，窗式空调器四周与安装框架之间也必须密封好，以减少外界热空气漏进房间里，损失制冷量。

改进房间的维护结构。对一些房间的门窗结构较差、缝隙较大的，可做一些应急性改善，例如用胶水纸带封住窗缝、在玻璃窗外贴一层透明的塑料薄膜、采用遮阳窗帘、室内墙壁贴木丝板塑料板、在墙外涂刷白色涂料减少外墙冷耗。

开空调时应该关闭门窗。开着空调的房间不要频频开门开窗，以减少热空气渗入，不增加空调的制冷负担。在使用空调时，可以提前把房间的空气换好，如早上天气凉爽时尽量开窗透气，如果在空调使用过程中觉得室内空气不好，想开窗户，建议开窗户的缝隙不要超过两厘米，不过最好还是尽量控制开门开窗，如果想停机换空气，最好提前20分钟关空调。

用完及时拔插头。空调在每次使用完毕应该及时把电源插头拔出，或者将空调机的电源插座拔掉，或者将空调机的电源插座改装为带开关的，用遥控器关掉空调机后，应当再将插座上的开关关掉。不然的话，即使机上开关断开，电源变压器仍然接通，线路上的空载电流不但大量浪费电能，如果遇上雷雨天还会造成事故的出现。

出门提前关空调。在离家前30分钟，应将压缩机关闭（由制冷改为送风），出门前3分钟，则应将空调彻底关闭。在这段时间内，室温还足可以使人感觉凉爽，养成出门提前关空调的习惯，从而节省电能。空调房间的温度并不会因为空调关闭而马上升高。出门前3分钟关空调，按每台每年可节电约5度的保守估计，相应减排二氧化碳4.8千克。如果对全国1.5亿台空调都采取这一措施，那么每年可节电约7.5亿度，相应减排二氧化碳72万吨。

科学健康地使用空调。过多使用空调既耗能，又会对人体产生不利影响。有的大型办公场所使用中央空调，窗户很少，空气流通不好，在这里工作的人一天工作8小时都是靠空调调节气温，而且温度调的特别低，造成室内外的温差较大，这样对于人体协调体温的自然能力是一种破坏，时间长了就会造成这种功能的紊乱，得所谓的"空调病"，如容易得感冒、皮肤病、关节炎和肠胃病等。所以，不要对空调太依赖，热一点，出点汗，充分发挥人体自身的温度调节能力是有利于健康的。

★ 电热水器如何节电

一般家庭用的热水器多数是电热水器，现在我们就来了解一下从选购到使用电热水器有哪些节电的方法。

电热水器带来的便利生活

选择品牌：名牌产品经过安全认证，质量较好，在产品上有长城安全标志。企业拥有可靠的服务网络，售后服务有保证。假冒伪劣产品往往采用冒牌商标和包装或将组装品牌冒充进口原装商品。此类商品一般外观较粗糙，通电后升温缓慢，达不到标准要求。

外观检查：产品外表面涂漆应均匀、色泽光亮，无脱落、无凹痕或严重划伤、挤压痕迹等。各种开关、旋钮造型美观，加工精细，刻度盘等字迹应清晰。注意附件要齐全，检查电源插头，接线要牢固、完好并无接触不良现象。最好做通电试验、恒温性能检查，先看指示灯是否点亮，出水断电指示是否可靠，恒温检查时，将温度设为一定数值，达到设定值时，电热水器能自动断电或转换功率。若达到上述要求，说明电热水器恒温性能良好，否则为不正常。

内胆的选择：不锈钢内胆档次高、寿命长。搪瓷内胆是在普通钢板上涂烧成一层无机质陶釉，如制造工艺差会导致胆内不同部位附着的釉浆厚薄不均，易出现掉瓷现象。镀锌内胆涂附热固化树脂，锌保护层防锈能力差，使用寿命较短。

安全装置的选择：电热水器一般应有接地保护、防干烧、防超温、防超压装置，高档的还有漏电保护和无水自动断开以及附加断电指示功能。热水器内胆压力额定值一般应为 0.75 兆帕（型号不同，额定值也有所不同），要求超压保护装置在内胆压力达到额定值时，应可靠地自动开启安全阀进行泄压，以确保安全。漏电保护装置一般要求在漏电电流达到 15 毫安时能够在 0.1 秒内迅速切断电源。

保温效果选择：应选择保温层厚度和保温材料密度大的产品，可根据厂商产品说明书对比选择。

恒温性能：将温度设为一定数值，达到设定值时，电热水器能自动断电或转换功率。

容量选择：一般额定容积为 30~40 升电热水器，适合 3~4 人连续沐浴使用；40~50 升电热水器适合 4~5 人连续沐浴使用；70~90 升电热水器适合 5~6 人连续沐浴使用。

在使用上应该注意以下事项：

电热水器短时内不用不应断电。如果你买的是真正节能的热水器，是不需要频繁切断电源的，因为它有有效的保温技术，比如中温保温、多段定时加热等，但都需要在电源通电的情况下完成。频繁地拔掉插头会减少插头的寿命，而且容易带来安全隐患。正确的使用方法是：如果每天都要使用电热水器，并且保温效果比较好，就不要切断电源。因为保温一天所用的电，比把一箱凉水加热到相同温度所用的电要少，这样不仅用起热水来很方便，而且还能达到节电的目的。当然，如果是3~5天或者更长时间才使用一次，那么每次用后切断电源是最为省电的选择。

电热水器冬夏温度巧设定。使用热水器，要根据冬夏两个季节做不同的调节。夏季气温高，热水使用相对较少，热水的温度不用烧太高，一般50℃上下就可以了，冬季冷水温度较低，而且家庭生活对热水的需求也相应增大，因此，应该利用前一天晚上的用电低谷期把水温加热到75℃的最高值，并继续通电保温来保证第二天的正常需要。很多人都习惯把温度设定到最高，再用两三个小时集中加热，最后关掉电源，认为这样会省电。其实这种方法并不得当，因为电热水器里的水被加热到最高温度后，使用时必然还要混入冷水，然后剩下的热水又被自然冷却。这样一来，不但浪费了集中加热时的电量，而且下次使用时还需要重新加热。所以，把电热水器电源开着，把温度设定在合适的数值，使用时不必加入冷水，而是充分利用温度正好的热水，这样不但可以缩短加热时间，还能避免反复冷却、反复加热，达到省电的目的。

电热水器应该定期保养。电热水器盛水的大桶里很容易产生水垢，最好每年清理一次，否则会增加加热的时间，也会更费电。

掌握好烧水时间。不要等电热水器里没有热水了再烧，而是估计热水快用完了就启动电热水器，这个方法比把一箱凉水加热到相同温度所用的电要少得多，而且热的温度也快得多。顺便说一句，用电热水器洗澡的时候，淋浴比盆浴可以节约50%的用水量和用电量。

★ 微波炉节电有窍门

现在我们的生活节奏加快，而微波炉用起来十分方便，早上上学上班，时间很紧张，把前一天做好的饭菜、面包、火腿肠或者牛奶什么的放里面加热几分钟，一顿营养丰富的早餐就搞定了；还有的巧手妈妈用微波炉来做菜，与传统的炒菜相比，别有一番风味。可是因为微波炉功率大，使人觉得微波炉过于耗电，其实，这完全不需要担心，只要科学合理地使用，一样可以让它省电。

微波炉

微波炉功率虽然大，但使用的时候所需时间少，所以总耗电量并不大。

选购微波炉时，要根据家庭人口来决定买多大功率的微波炉，一般

3～5 人的家庭选用 800～1000 瓦的，5 人以上家庭可以选用 1000～1500 瓦的。

插座接触要良好。微波炉等电器插头与插座的接触要匹配良好。否则不仅耗电量会增大，还会造成安全隐患。

放置要远离磁场。放微波炉的位置附近不要有磁性物质，以免干扰炉腔内磁场的均匀状态，使工作效率下降。还要和电视机、收音机离开一定的距离，否则会影响视、听效果。

不可空转微波炉。使用微波炉时，不能让微波炉空载运行。因为空烧时，微波的能量无法被吸收。这样不但会无谓地消耗电能，而且很容易损坏磁控管。为防止一时疏忽而造成空载运行，可以在炉腔里放一个盛水的玻璃杯。

冷冻的食物应该先解冻后再进行烹调，可以起到节电的效果。

加热食物最好盖膜。在用微波炉热食物的时候，最常见的问题是食物容易变得又干又脆，特别是热馒头、面包的时候，拿出来时干巴巴的，完全失去了原来的味道和口感。因此，在热食物的时候，最好在食物的外面套上保鲜膜或盖上盖子，这样加热食品水分不易蒸发，食品味道好，而且加热的时间会缩短，能够达到省电的目的。也可以可在食物表面喷洒少许水分，这样既防止食物变干，又可以提高加热速度，减少电能消耗。

开关门不要太频繁。很多人在使用微波炉长时间烹饪食物时，都会时不时打开看看东西熟了没有，如果还没完全受热就再加热一会儿。其实，微波炉启动时用电量最大，使用时尽量掌握好时间，减少关机查看的次数，做到一次启动烹调完成。而且频繁开关门还会影响微波炉烹调的质量。如果是用较小的容器做饭菜或热剩饭时，可以在微波炉里同时放置2~3个容器，开机设置时间增加1~2分钟，就可以减少开关门次数。

烹调数量不宜多。用微波炉加热菜肴，数量不宜过多，否则不仅加热的时间比较长，而且还会造成菜肴的表面变色或是发焦。每次加热菜肴时，如果容器内菜肴的数量少一些，不仅能保证菜肴加热的效果，还能节省用电量。一般来说，烹调一个菜以不超过0.5千克为宜。

根据食物选火力。应该根据烹调食物的类别和数量选择微波的火力。在同样长的时间内，使用中微波挡所耗的电能只有强微波挡的一半，如只烹调需要保持嫩脆、色泽的肉片或蔬菜等，宜选用强微波挡烹调，而炖肉、煮粥、煮汤则可使用中挡强度的微波进行烹调。

余热烹调省电多。微波炉关掉后，不要立即取出食物，因为此时炉内尚有余热，食物还可继续烹调，应过1分钟后再取出为好。

金属器皿不要用。不要在微波炉加热时用金属涂层或花纹的器皿、铝膜盛（包）食品。因为微波是一种电磁波，这种电磁波的能量不仅比通常的无线电波大得多，而且一碰到金属就发生反射，金属根本没有办法吸收或传导它。微波可以穿过玻璃、陶瓷、塑料等绝缘材料，不会消耗能量。

微波炉要保持清洁。如果能保持箱内清洁，尤其是风口和微波口的清洁，将可以省35%的电能。方法是将一个装有热水的容器放入微波炉内热两三分钟，让微波炉内充满蒸汽，这样可使顽垢因饱含水分而变得松软，容易去除。清洁时，用中性清洁剂的稀释水先擦一遍，再分别用清水洗过的抹布和干抹布作最后的清洁，如果仍不能将顽垢除掉，可以利用塑料卡片之类来刮除。千万不能用金属片刮，以免伤及内部。最后，别忘了将微波炉门打开，让内部彻底风干。

还有要提的是，如果你家的微波炉平时很少用，在用完后记着把电源插头拔下来，这样也可以省电。

★ 正确使用洗衣机也可节电

洗衣机的耗电能量在很大程度上取决于电机的额定功率和使用时间的长短。

电机的功率是固定的，所以恰当地减少洗涤时间就能起到节电的效果。通常我们可以根据衣物的种类和脏污的程度来确定洗衣时间。一般合成纤维和毛丝织物的洗涤时间为 3～4 分钟；棉麻织物的洗涤时间为 6～8 分钟；极脏衣物的洗涤时间则为 10～12 分钟。

一般洗衣机都有"强洗"和"弱洗"的功能，在同样长的时间周期内，"弱洗"比"强洗"换叶轮旋方向的次数更多。电机重新启动的电流是额定电流的 5～7 倍，开开停停次数多，所以"弱洗"反而费电。"强洗"不但省电，还可以延长电机寿命。当然，选用哪种功能，还应根据织物的种类、清洁的程度来决定。

另外，洗涤的衣物最好要相对集中，尽量等存到足量待洗衣物时再放入洗衣机一起洗。使用洗衣机漂洗时，应先把衣物上的肥皂水或洗衣粉泡沫拧（脱）干后再进行漂洗，以减少漂洗次数，从而减少耗电量。

如果使用的是波轮洗衣机，水量的多少对能效的影响很大。水量过多，会加重电机的负担，导致耗电量增加；水量过少，会影响洗衣机对衣物的揉搓，增加洗涤时间。

开始洗涤前，将脏的衣物在洗衣粉溶液中浸泡至少15分钟以上，使洗涤剂与衣物上的油垢起反应，然后再放入洗衣机洗涤，这样可大大减少电耗。若衣物颜色较多最好分色洗涤，先浅色后深色。把颜色不同的衣服分开洗涤，洗得干净，而且也洗得快，比将其混在一起洗省电。若衣服厚薄不一，如薄软的化纤、丝绸织物等，4~5分钟就可洗净，像质地厚的棉、毛织物、麻料等要10分钟左右才能洗净。厚薄衣物分开洗比混在一起洗可有效地省电按额定容量操作，勿多勿少，这样能省电。若洗涤量过少，白白耗电；相反，一次洗得过多，不仅会增加洗涤时间，而且会造成电机超负荷运转，增加电耗。

滚筒洗衣机洗涤功率一般在200瓦左右，而脱水与转速成正比，如果水温加到60℃，一般洗一次都要在60分钟以上，耗电在1度左右。如果烘干，时间与衣物的质地有关，最少需40分钟。相比之下，波轮洗衣机的功率一般在400瓦左右，洗一次衣服需要40分钟左右，因此耗电量略小一些。

受欢迎的环保洗衣机

★ 合理使用冰箱可省电

电冰箱是每个现代家庭的必备电器，与我们的生活最是息息相关，特别是在炎热的盛夏，喝一杯冰爽的饮料，吃一根雪糕，那是最好不过的了，但同时它也成为家庭耗电的大户。那么，我们怎样才能在使用过程中节省用电呢？

电冰箱应该放在远离热源，不受阳光照射的阴凉的地方，冰箱要离开取暖器、火炉等电器，也不能和灶台放在一起，因为这样不但会影响冰箱的散热，使冰箱的耗电量增加，还影响制冷效果，冰箱上面的漆还会被灶台火烤掉色；同时冰箱四周应该留有一定的空间（特别是背面），一般留出20厘米的空隙就可以，若空间太小，会影响空气流通，冷凝器的散热效果下降，耗电大，冰箱寿命也会缩短，比起紧挨墙壁每天可以节电20%左右。冰箱顶部也不要放垫布或其他东西，以利于散热，避免影响制冷效果。

新买的冰箱不能立即启用。家里新添了一件大件家电，很多人都想马上接通电源看看是否好用，但是售后服务人员经常告诉我们，冰箱不能马上通电，一定要放置1~2个小时以后才能通电，这是为什么？这是因为冰箱压缩机的运行是需要润滑剂保护的，因此厂商在生产过程中，向制冷系统里面充灌了一定量的专用润滑油，冰箱制作完成以后润滑油和制冷剂就被完全封闭在制冷系统里面。冰箱在被搬运到家之前，早已经过了个把小时的颠簸、移动甚至倾斜，这时候冰箱里的润滑油就会顺着管路流入换热器的盘管中。这时，少量润滑油还会在颠簸、震动的作用下灌入压缩机的压缩腔，这样冰箱开机后就容易导致冰箱制冷系统瘫痪，所以为了保险起见，冰箱放置1~2个小时后才通电。

电冰箱应该使用专用的三孔插座，单独接线，如果没有接地装置，应该加装地线。设置接地线时，不能用自来水和煤气管道做接地线，更不能接到电话线和避雷针上。第一次接通电源后，要仔细听压缩机在启动和运转时的声音是否正常，是否有管路相互撞击的声音，如果噪音较大，就要检查电冰箱是否摆放平稳，各个管路是否接触，并做好相应的调整，有较大异响就要马上切断电源。

要养成定时清洗冰箱的习惯。首先，必须定期清扫压缩机和冷凝器。压缩机和冷凝器是冰箱的重要制冷部件，如果沾上灰尘会影响散热，导致零件使用寿命缩短、冰箱制冷效果减弱。当然，使用完全平背设计的冰箱不需考虑这个问题。因为挂背式冰箱的冷凝器、压缩机都裸露在外面，极易沾上灰尘、蜘蛛网等。而平背式冰箱的冷凝器、压缩机都是内藏的，就不会出现以上情况。然后，必须定期清洁冰箱内部。冰箱使用时间长了，冰箱内的气味会很难闻，甚至会滋生细菌，影响食品原味。所以，冰箱使用一段时间后，要把冰箱内的食物拿出来，替冰箱大搞一次卫生。当然，具备触媒除臭和杀菌功能的冰箱，冰箱内的空气会清新干净。

清洁冰箱时先切断电源，用软布蘸上清水或食具洗洁精，轻轻擦洗，然后蘸清水将洗洁精拭去。为防止损害箱外涂复层和箱内塑料零件，不能用洗衣粉、去污粉、滑石粉、碱性洗涤剂、开水、油类、刷子等清洗冰箱。箱内附件肮脏积垢时，要拆下用清水或洗洁精清洗，电气零件表面应用干布擦拭，清洁完毕，将电源插头牢牢插好，检查温度控制器是否设定在正确位置。有冰霜的电冰箱，当冷冻室霜层达 4～6 毫米时，必须进行除霜，否则将比正常制冷多消耗 1/3 的电量。

要保持冰箱门封条的密封效果。电冰箱磁性门封条如有变形而影响密封效果时，要及时修理、更换，以防损失冷量。

往冰箱里放食物也很有讲究。热的食物应冷却到室温后再放入冰箱内存放。因为热的食物会使冰箱里的温度急剧上升，这会增加蒸发器表面结霜的厚度，导致压缩机工作时间过长，耗电量增加，长时间这么做会损坏电冰箱。冰箱内放的食物应该有 1 厘米以上的空隙，以便冰箱内冷气对流。制作食用冰块或大量存放饮料时，最好晚上放进去，因为夜间气温较低，而且家里人较少开冰箱门存取食物，减轻压缩机负荷，节约电能。

在电冰箱冷藏室每个隔层的外缘，搭上一块塑料布，把每个隔层存放的食物用塑料布与冰箱门隔起来，可以减少能量损耗。

尽量缩短开箱时间，应做到：快放、快取、快关。因为每次开冰箱门的时候，就会导致一部分冷空气逸散。据测试，冷藏门每开启 1 分钟，冰箱压缩机就要多运转 20 分钟，才能使冰箱冷藏室的温度逐渐恢复到开启前的温度，这样会导致电力的浪费和冰箱使用寿命的缩短。

冰箱里的食物不要放得过满。夏季的高温天气，冰淇淋是我们的最爱，使得很多人家选购很多冷饮和冰淇淋等美味的降温食物，把冰箱塞得满满的。冰箱内食物不要堆得太满、太密，最好不要超过冰箱容积的 80%，使冷气流通。但东西也不能过少，否则热容量就会变小，压缩机开停时间也随着缩短，累计耗电量就会增加。如果冰箱里食品过少时，最好用几只塑料盒盛水放进冷冻室内冻成冰块，然后定期放入冷藏室内，增加容量，比较不会费电。

冰箱冷藏室内的平均温度为4℃~6℃，如果在冷冻室冷冻食品的同时制作一些冰块，将制作的冰块用容器装好放入冷藏室内，可减少冰箱压缩机的启动时间，达到节电目的。同样道理，可以把冷冻室内需解冻的食品提前一天取出，放入冷藏室内解冻，同样可以降低冷藏室内的温度。

放七成满冰箱更节电

冰箱温度调节器档位要合理选择。冰箱耗电量的大小与冰箱内保持温度的高低有着直接的关系，冰箱内保持温度越低，冰箱所耗的电量就越大。因此，在使用冰箱时，应根据季节来调节温控器的挡位。冷藏室的冷藏温度高于该食品冻结温度1℃~2℃为宜。

要知道，1台节能冰箱比普通冰箱每年可以省电约100度，相应减少二氧化碳排放100千克。如果每年新售出的1427万台冰箱都达到节能冰箱标准，那么全国每年可节电14.7亿度，相应减排二氧化碳141万吨；每天减少3分钟的冰箱开启时间，1年可省下30度电，相应减少二氧化碳排放30千克；如及时给冰箱除霜，每年可以节电184度，相应减少二氧化碳排放 177 千克。如果对全国 1.5 亿台冰箱普遍采取这些措施，每年可节电 73.8 亿度，相应减少二氧化碳排放 708 万吨。

★ 电视机节电有窍门

电视机是我们家中最常见的电器之一，也是使用最频繁的电器，通过它我们了解遥远的地方发生的事情，它带给我们的欢乐也是其他电器无法取代的。每天吃过晚饭以后，全家人坐在一起看电视，也是最普通和最令人感到亲切的娱乐活动。怎样使用电视机，才能让它在给我们带来乐趣的同时又替我们省电呢？

电视机节电

适当控制电视机的亮度和音量。当你收看电视节目时，电视机的亮度和音量要适中，电视机应该避免调高画面亮度，这样既有利于省电，也可以避免视觉疲劳，还可以延长显像管寿命。一般彩色电视机的最亮状态比最暗状态多耗电 50% ~ 60%，功耗相差 30 ~ 50 瓦。一个 51 厘米的彩色电视机最亮时功耗为 85 瓦，最暗时功耗只有 55 瓦。将电视屏幕设置为中等亮度，既能达到最舒适的视觉效果，还能省电，每台电视机每年的节电量约为 5.5 度，相应减排二氧化碳 5.3 千克。如果对全国保有的约 3.5 亿台电视机都采取这一措施，那么全国每年可节电约 19 亿度，相应减排二氧化碳 184 万吨。

看电视时，可以开一盏低瓦数的日光灯，然后把电视机亮度调暗一点，收看效果好而且不容易使眼疲劳。电视机开的音量越大，功耗就越高，每增加 1 瓦的音频，功率要增加 3～4 瓦的功耗，所以只要听得清楚就可以了。白天看电视可以拉上窗帘避光，这样可以相应调低电视机的亮度，收看效果会更好，也会达到省电的效果。

给电视机加盖防尘罩。我们在看完电视关闭电源之后，最好稍等一段时间让机器充分散热，然后最好给电视机加盖防尘罩。这样有利于电视机减少磨损，还可防止电视机吸进灰尘，灰尘多了就可能漏电，不仅增加电耗，还会影响图像和伴音质量。

★ 如何使用笔记本电脑能更好节电

电脑现在几乎已经成为我们每个家庭的必需品。学习、工作、生活我们处处都用到电脑。而且随着电子产品的更新换代，我们很多人开始热衷使用笔记本。笔记本电脑与台式机电脑相比，尽管二者的基本构成是相同的（显示器、键盘/鼠标、CPU、内存和硬盘），但是笔记本电脑的优势还是非常明显的。便携性就是笔记本相对于台式机电脑最大的优势，一般的笔记本电脑的重量只有 2 千克多一些，无论是外出工作还是外出旅游，都可以随身携带，非常的方便，因此，很多人现在买电脑都会考虑买笔记本电脑。但同时你也会产生疑问：它的耗电量怎么比台式机也省不了多少呢？这时你就要注意下面的问题了。

一款超薄省电笔记本

在购买笔记本电脑的时候，是不是没有注意挑选省电型的 CPU？笔记本电脑最耗电的部件就是 CPU，人们一般比较喜欢选择效率比较快、性能比较高的 CPU，但是，一般性能越高的 CPU 越耗电。如果你的笔记本电脑只是用来看看文件、上上网，选择高性能的 CPU 是没有必要的，只会造成电能的浪费，所以，要根据需要来选择 CPU，够用就行，不必一味追求高性能。

尽量少启动硬盘。对于笔记本电脑来说，硬盘是其中比较耗电的部件，只要处于读写状态就会耗电，程序对硬盘的访问次数越多，硬盘就越会耗电，所以尽量少启动硬盘，也是省电的方法之一。我们也可以设置硬盘的停止工作时间，以便让硬盘在适当的时间进入停转状态，但是，要注意这个时间的设置要根据自己的笔记本电脑硬盘的使用情况来合理设置，如果把关闭硬盘的时间设置得太短，硬盘可能会频繁启动和停转，这样反而会影响硬盘的使用寿命。另外，养成定期重新整理硬盘上的数据的习惯是很重要的，这样可以减少硬盘搜索数据的时间，也能节省一定的电量。

减少光驱的使用次数。光驱也是笔记本电脑中的耗电大户，全速度工作下的光驱要比硬盘更加费电，而且也会产生较大的热量。一部连续使用 3 小时的笔记本电脑，如果用电池电力播放 VCD、DVD，原有的电池电力可能只能用 1.5 小时，有的人有事没事都爱打开 CD 或 DVD 播放器放音乐，电池的电量也随着音乐的播放悄悄地溜走了。当较长时间不使用光盘的时候最好把光盘从光驱中取出来。对于经常使用的光盘，最好的办法是用虚拟光驱软件把它备份到硬盘上，这样做是最省电的办法。

尽量少接外部设备。任何 USB 和 PC 卡设备都会消耗电能。笔记本电脑的很多外部设备只要连接在笔记本上，即使不工作也会消耗笔记本的电力，所以当我们不需要使用这些外部设备时最好把它们取下来。还有笔记本的一些端口比如打印口、COM 口等，在不工作时也会消耗笔记本的电力，如果用不到这些端口，最好是在 BIOS 中将其禁用。

不用无线接收装置时要关掉。笔记本如果装上一个无线网卡就可以在旅行中或者外地都能上网，因此是一个很受欢迎的装置，但你知道吗，这个无线网卡也是一个严重耗用电量的装置。当你没有上网的需要时，应该把无线网卡关闭。如果用的是 Centrino 技术的笔记本电脑，可以按下电脑上的手动硬件按钮，在操作前可以参阅笔记本电脑制造商提供的说明，弄清楚手动硬件按钮在哪里。

善于使用电源管理软件。比如 Windows 操作系统，就可针对笔记本电脑电源模式分别有多种省电设定，用户可针对一般电力供应或是电池供应电力设定 LCD、硬盘多久未用即自动关闭，或是计算机多久未用立即进入休眠状态。对于一些名牌的笔记本电脑，通常会给用户提供一些更加专业的电源管理软件，在配合各自的笔记本电脑使用的时候，往往具有一些特殊的功能。比如 SONY 的专用电源管理程序可以设置散热风扇的运行速度，还可以关闭不使用的 1394 接口以及 MEMORY STICK 插槽，以达到省电的目的。IBM 公司的专用电源管理芯片和程序，可以检测到电池的可充电容量、充放电次数和自动判断电池的状态，如果发现电池的状态不佳还会提醒用户送到 IBM 去维修，可以降低液晶屏幕的刷新率，甚至连 PCI 总线耗电和 CD－ROM 的速度都可以调节，由此来减少耗电。而 TOSHIBA 的电源管理程序可以在电力不足的情况下直接关闭你所指定的任何一个设备。合理使用这些软件就可以更加节省电能。

选择合适的软件。选择在笔记本上运行的软件时，我们不一定要使用一些功能齐全但是对系统要求很高的软件，可以选择一些具有相同功能但是对系统要求更低的软件。另外，在操作电脑的时候，少开几个程序，做什么事就开什么程序，把其他的关掉。

调低屏幕的亮度可以省电。笔记本电脑的液晶（LCD）屏幕也是一大耗电元凶，如果想省电，就选用"低温多晶硅"技术制成的液晶，不仅画面表现效果更精细，电源消耗也较低。除液晶面板本身的耗电外，位于面板背后的液晶灯管耗电也相当多，若想节省电力，只要在视力允许的范围内，把液晶屏幕的亮度调暗，这样不仅能够省电，还可以保护我们的视力。若果想调整屏幕的亮度，可以参阅笔记本电脑制造商提供的说明，每台电脑的调整方式略有不同，但一般可以通过使用组合键、功能键或者软件工具来降低屏幕亮度。此外，需要靠马达运转的风扇、硬盘、光驱也相当耗电，如果笔记本电脑有强化省电设计，通常就会在计算机加上省电设计，除强化系统散热性能，减少风扇开启。

温度过高费电多。尽量避免在高温状态下使用笔记本电脑。笔记本电脑由于体积较小，依靠空气自然流动散热几乎是不可能的，当温度过高时，会启动内置的散热风扇来帮助散热。因此，在使用笔记本电脑时尽量在通风良好的地方使用，注意不要让杂物堵住散热孔，如果是在家庭和办公室使用，有条件的话可以准备一块水垫，把笔记本放在水垫上使用。因为水有良好的导热性，可以充分吸收笔记本电脑产生的热量，从而让它保持在较低的温度下工作。

★ 家庭照明节电好方法

家庭节约用电是多方面的，而照明用电几乎是每个家庭到了晚上所必需的。照明用电的节约与每个家庭有着紧密的联系，而多数家庭对照明用电的节约并不够重视，认为照明电器的用电量不大。其实不然，我们的家庭一年四季天天都在用电，一年 365 天用的时间最长的是照明用电，它在家庭用电中占的比例是最大的。倘若我们每天都节约照明用电的话，那么一年累积节约的用电量将会令人大吃一惊。如何节约照明用电呢？

照明用电的节约首先应树立起节电的意识，从随手关灯的习惯做起。许多人不重视照明灯具的随手关闭，如有的家庭在早晨上班前打开卫生间的电灯后忘了关闭，就上班了，到了晚上回到家进了卫生间看到电灯亮着还不以为然，直到睡觉的时候，灯还是亮着，卫生间里的灯变成了长明灯，厨房里的灯也有类似的情况。还有就是床头灯，有很多人喜欢晚上睡觉之前看看书刊杂志，看着看着在不知不觉中就睡着了，床头灯也变成了长明灯。许多家庭还喜欢用一些漂亮的小灯具做点缀，到了晚上睡觉时也不断电。这样长年累月下来，无形中就造成了很大的浪费。相反，只要你意识到了这些浪费，随手一关，也就节约下了不少电。

节能灯

同时，照明用电的节约还可从合理选用照明灯具来考虑。目前，市场上有很多节能型灯具，这些灯具的共同特点是功率小且照明亮度高，这些灯具应作为首选。20 瓦的日光灯的亮度胜过 40 瓦白炽灯，但还不如 13 瓦的节能型荧光灯的亮度。细管的日光灯比粗管的亮，并且省电、寿命长；在选用灯具时，要看它是否有国家级的检验报告，不要图便宜购买耗电多而且寿命短的劣质产品，还应尽量选购能调节照明亮度的灯具。它们可以根据人们对所需灯光的亮度进行随意调节，从而达到节电的目的。

★ 办公场所也要节电

节约是美德，节约是责任，节约是效率。在家中做到了节电，在办公室也同样要学会节约用电。

设定合适的空调温度和适度增加风量，增加空气流通。封闭空调的场所，有条件的应加装智能控制装置，随着室外温度的降低而增大新风

灯火通明的无人办公场所

的比例，使中央空调缩短运行时间。

办公室电器如打印机、复印机、传真机、电脑等，不连续使用时应关掉电源。

实施"绿色照明"。办公场所尽可能利用自然光，自然光要比日光灯健康得多。长时间接受日光灯的照射会受到光污染的危害。使用光管、节能灯等，比使用白炽灯节能80%。选用配光合理、反射效率高、耐久性好，与光源、电器附件协调配套的灯具。使用电子镇流器的荧光灯，比使用普通镇流器的节能约10%。在无需持续照明的场合使用各类声光传感器、时间控制器等自动断电装置。减少不必要的照明时间。办公室的桌面照度值应在150~200勒之间。同时，做到人走灯灭，养成随手关灯的好习惯。

这不仅仅是为企业单位节省资源，也为我们的社会节约资源。

3. 警惕家用电器带来的污染

　　家电在使用过程中往往产生大量污染，这是许多人没有意识到的。同时，家电往往是家庭卫生死角，成为我们健康的隐形杀手。目前家庭中常见由家电导致的污染包括细菌污染、辐射污染及噪声污染等，这些污染在一定程度上危害了我们的健康，甚至危及我们的安全，所以不容忽视。

小心你周围的家电污染

一、家电的细菌污染及防治措施

　　污染源一：空调。空调主要滋生支孢霉菌和军团菌。处于相对密闭状态的室内空气经过空调过滤网过滤并循环制冷，而此时空气中的细菌、真菌等微生物就容易在过滤网表面密集滋生，并随空调出风口吹出。

　　防治策略：每年第一次启动空调前，要请专业清洗人员将空调进行彻底的清洗和消毒。空调房间内定时地开窗通风，是改善空气质量的好办法。

　　污染源二：冰箱。电冰箱门上的密封条上的微生物达十几种之多。冰箱的低温环境为一些细菌的生长繁殖提供了有利条件，从而造成食物的污染。

　　防治策略：可定期用酒精浸过的干布擦拭密封条；经化冻的肉类和鱼等不宜再次置冰箱保存，因为化冻过程中食物可能受污染，微生物会迅速繁殖；冰箱应定期除霜清洗，保持干净；剩菜剩饭很容易受到各种细菌的侵蚀，食用前一定要加热。

污染源三：洗衣机。某大城市疾控中心的专家对部分家庭用洗衣机进行了微生物污染状况的调查，其中细菌总的检出率达到了95.8%、大肠菌群的检出率达到了37.5%、真菌检出率达到了45.8%。洗衣机如果不晾干，其内部的潮湿环境很容易滋生细菌。

防治策略：新买的洗衣机使用半年后，及以后每隔3个月都应用洗衣机专用清洁剂清洗一次；洗完衣服后应该及时排空洗衣机中的水，并敞开盖子直至干燥；袜子、脏外衣和内衣分开洗涤；尽可能在阳光下晾晒衣服，用阳光中的紫外线杀死霉菌。

污染源四：吸尘器。吸尘器容易滋生螨虫和真菌。吸尘器的过滤绒垫和积尘袋对细小尘粒的阻留能力低，吸尘时会在吸尘管的强吸力作用下通过绒布从排气口喷到空气中。

防治策略：及时更换过滤绒垫，减少灰尘通过。

污染源五：电话机。电话机在染病的人使用后容易留下致病微生物，比如，流感、百日咳等。卫生防疫部门曾在公用电话上检测出了流感、结核、乙肝、白喉、百日咳等疾病的40多种细菌和病毒。家用电要好一些。

防治策略：在使用一段时间后做消毒处理，定期用低浓度的消毒剂擦拭电话的手柄和话筒。若家中有此类传染病人在使用电话后要及时拭擦，通话时嘴部要跟话筒保持一定距离。

二、家电的辐射污染及防治措施

国内外医学专家的研究表明，长期、过量的电磁辐射会对人体生殖系统、神经系统和免疫系统造成直接伤害，是心血管疾病、糖尿病、癌突变的主要诱因和造成孕妇流产、不育、畸胎等病变的诱发因素，并可直接影响未成年人的身体组织与骨骼的发育，引起视力、记忆力下降和肝脏造血功能下降，严重者可导致视网膜脱落。

电磁辐射已被世界卫生组织列为继水源、大气、噪声之后的第四大环境污染源，成为危害人类健康的隐形"杀手"，防护电磁辐射已成当务之急。那么家电中到底哪些电器会产生较多的辐射污染呢？

污染源一：微波炉。微波炉是现代化的烹饪工具，深受家庭"煮妇"的欢迎。当启动微波炉控制开关后，炉内的磁控管开始工作，将所产生的微波能量通过波导管输送到微波炉腔内，将食品加热或解冻、消毒。由于制造方面的原因，一定数量的微波炉存在着微波能量泄漏问题，这主要是由于微波炉门关闭不严、排湿孔开得不合理或孔洞过大等原因所致。通过检测，一些微波炉近区（0.3～0.5米）功率密度高达1000微瓦/平方厘米。电磁灶工作频率在几十千赫兹至上百千赫兹，属于极低频段，它是利用电磁感应，产生磁致涡流而加热食品的，经测试，其感应强度近区电场强度可达上千伏/米，近区磁场强度达到几微特斯拉，可在局部环境内构成污染。

防治措施：购买质量好的产品，在使用过程中与微波炉，尽量保持一定距离。同时，在放置微波炉时尽量选择比较宽裕的空间。

污染源二：电热毯。电热毯在通电后，会产生50赫兹的工频电场和磁场，实测数据表明，距其数厘米处电场强度达到2～2.5千伏/米，磁场强度高达2～5微特斯拉。由于人体直接躺在电热毯上，处于工频场的感应作用下，会使一些人睡后感到不适，疲乏无力，四肢酸痛，特别是对孕妇影响最为突出，容易发生流产和异常出生现象。不仅如此，电热毯电磁辐射对人体的健康影响广泛，能引起神经、生殖、心血管、免疫功能及眼睛视力等方面的改变。

防治措施：尽量减少使用电热毯的次数。

污染源三：电脑。电脑所散发出的辐射电波往往为人们所忽视。依国际 MPR Ⅱ 防辐射安全规定：在 50 厘米距离内必须不大于 25 伏/米的辐射暴露量。但是您知道计算机的辐射量是多少吗？键盘的辐射量为 1000 伏/米，鼠标的辐射量为 450 伏/米，屏幕的辐射量为 218 伏/米，主机的辐射量为 170 伏/米，笔记本电脑的辐射量为 2500 伏/米。

防治措施：使用电脑时，要调整好屏幕的亮度，一般来说，屏幕亮度越大，电磁辐射越强，反之越小。不过，也不能调得太暗，以免因亮度太小而影响视觉效果，且易造成眼睛疲劳。在操作电脑时，要注意与屏幕保持适当距离。离屏幕越近，人体所受的电磁辐射越大，因此较好的是距屏幕 0.5 米以外。此外，在操作电脑后，脸上会吸附不少电磁辐射的颗粒，要及时用清水洗脸，这样将使所受辐射减轻 70% 以上。另外，电脑的摆放位置很重要。尽量别让屏幕的背面朝着有人的地方，因为电脑辐射最强的是背面，其次为左右两侧，屏幕的正面反而辐射最弱。科学研究证实，电脑的荧屏能产生一种叫溴化二苯并呋喃的致癌物质。所以，放置电脑的房间最好能安装换气扇，倘若没有，上网时尤其要注意通风。

此外，还有多种家电在使用的过程中会产生电磁辐射，如：冰箱、电吹风、电视机等。面对这些家电带来的污染危害，我们应该注意不要把家用电器摆放得过于集中或经常一起使用，特别是电视、电脑、电冰箱不宜集中摆放在卧室里，以免使自己暴露在超剂量辐射的危险中。同时，应尽量避免长时间操作。当电器暂停使用时，最好不让它们处于待机状态，因为此时也可产生较微弱的电磁场。勤开窗通风，也可以减轻污染带来的危害。

三、家电的噪声污染及防治措施

联合国经济合作与发展组织对噪声污染的研究后得出结论：人能忍受噪声的限度平均不得超过 65 分贝。我们平时居家使用的家用电器的声级都比较高。例如电风扇是 45～50 分贝；洗衣机是 60～80 分贝；电冰箱是 30～40 分贝；电视机是 50～70 分贝；收录机是 80 分贝左右；电吹风是 50～60 分贝；电动剃须刀是 47～60 分贝……由此可见，仅同时启动两件家电，就大大超过了城市室内的声级标准。而且长期过高的家庭噪声刺激，可致"病从耳入"，出现头痛、头晕、耳鸣、疲倦、失眠、记忆力减退。长时间在噪声环境下生活，还会使人血压升高，心跳、呼吸增快，血脂升高，消化不良，大脑皮层兴奋与抑制活动失去平衡。还会使胎儿的正常发育受到影响，儿童的智力开发受到障碍。因此，我们必须对噪声污染重视起来。

防治措施：在选择家用电器时，要力求挑选那些性能好，噪声低的产品。不要将家用电器都摆放在一个房间里，卧室里一般不宜安置声级过高的家电；尽量不要长时间地启用两件以上的家用电器；使用电视机或收录机，音量不要太大，这样既可减少室内噪声，又可延长家用电器的使用寿命；室内养些花草，庭院植些树木，可吸收噪声。

用水篇

水是生命之源，地球上的生命最初就是在水中出现的，水是人类生存不可缺少的东西。水造就生命的同时，也在维持着地球上的大气、地理环境、生物圈的平衡。水也并不是取之不尽用之不竭的。地球表面有71%被水覆盖，从太空中看地球就是一个蓝色星球，但可以用来维护人类生存的淡水只占2.5%。淡水又主要以冰川和深层地下水的形式存在，河流和湖泊中的淡水仅占世界总淡水的0.3%。因此，可供人类饮用的淡水也只有表层地下水以及江河中的淡水。再加上地理原

3/4 被水覆盖的地球

因，淡水资源在全球的分布很不平衡，比如我国，北方的淡水资源相对南方要少得多，西北部更是极度缺水，甚至有些地区水资源的匮乏已经成为人们生存所面临的首要问题。

　　世界气象组织早在1996年初就指出：缺水是全世界城市面临的首要问题，估计到2050年，全球有46%的城市人口缺水。对于水资源稀少的地区来说，水已经超出生活资源的范围，而成为战略资源，由于水资源的稀有性，水战争爆发的可能性越来越高。人类如果不加节制地使用水，后果不堪设想。为让全世界都关心淡水资源短缺的问题，第47届联合国大会确定

节水标志

了每年 3 月 22 日为世界水日。全球各个国家都开始积极应对水资源的短缺问题。节水成为解决这个问题的必然选择。

同时，伴随水危机出现的不仅是人们生活用水的大量浪费，而且还存在的水源污染问题。这使本来有限的淡水资源更加短缺，可以说是雪上加霜。淡水资源是人类生存的必需品，人对饮用水有很高质量的要求，如果水中缺少人体必需的元素或有某些有害物质，或水质遭到污染，达不到饮用要求，就会影响人体健康，而人类不合理的生产生活对水的污染直接危害了自身的健康。这对于水生生物来说，何尝不是同样的生存危机呢？

节约用水，人人有责。保护水源，远离污染，就是我们的宗旨。在水量不变的情况下，要保证工农业生产用水、居民生活用水和良好的水环境，必须建立节水型社会，把水危机意识深入到人心，培养人们节约用水的好习惯，同时从点滴做起减少水污染，保护我们仅有的淡水资源。本篇将会针对生活中的细节谈谈合理用水的问题，使人们重新认识这个问题，并给大家介绍一些节约用水的小窍门。

1. 日常节水你做到了吗

　　水是各种生命体生存所离不开的。而世界上可利用的水资源并不丰富，我国作为一个人口大国，水资源更是极度匮乏。面对日益萎缩的水资源，我们必须重新去思考，怎么才能节约用水，并将水的价值发挥到最大。

节约用水从我做起

　　我们很难想象生活中惊人的水浪费：一个关不紧的水龙头，一个月可以流掉 1～6 立方米水；一个漏水的马桶，一个月要流掉 3～25 立方米水；一个城市如果有 60 万个水龙头关不紧、20 万个马桶漏水，一年可损失上亿立方米的水。如此下去我们的水资源总有一天会面临枯竭的危险，或许真的会像那句广告词说的那样：最后一滴水将是你的眼泪。因此我们必须树立水危机意识，培养节水的习惯。

　　节水并不是不用水，不明白"节水"二字真正含义的人总是错误

从我们手中漏掉的水

地认为，节水是限制用水，甚至是不让用水。其实，节水是让人合理地用水，高效率地用水，不随意地浪费水。专家们指出，就目前到处存在的浪费情况来说，运用今天的技术和方法，农业减少10%～50%的需水，工业减少40%～90%的需水，城市减少30%的需水，都丝毫不会影响经济和生活质量的水平。对于我们来说，在日常生活中的举手之劳便可以做到节约用水，如洗澡、洗菜、浇花中注意节水，抑或用节水器具，拧紧水龙头，都可以随时随地做到节水。可别小看了一滴水，如果每人每天节约下一滴水，那么一年下来也能节约几吨水，如果全球每人每天都节约一滴水的话，数量之大就难以想象了。

据分析，家庭只要注意改掉不良的习惯，就能节水70%左右。这主要是因为人们的节水意识还没提到一个高度。我们发现日常生活中人们与浪费水有关的习惯很多，比如：用抽水马桶冲掉烟头和碎细废物；为了接一杯凉水，而白白放掉许多水；先洗土豆、胡萝卜后削皮，或冲洗之后再择蔬菜；用水时的间断（开门接客人、接电话、改变电视机频道等），未关水龙头；停水期间，忘记关水龙头；洗手、洗脸、刷牙时让水一直流着；睡觉之前、出门之前，不检查水龙头；设备漏水，不及时修好。只要你改掉这些坏习惯，无形之中就做到了节水。

2. 日常用水的新理念

★ 使用节水器具

从一些国家的家庭用水调查来看，做饭、洗衣、冲洗厕所、洗澡等用水占家庭用水的 80% 左右。而这些地方也是最容易浪费水的地方。如：用流动的水洗菜、洗衣服；水龙头拧不紧，或者年久失修；洗澡的喷头不是节水喷头；冲马桶每次都用掉好几升水……你可能觉得一滴水微不足道，但一滴滴地浪费，数量是惊人的。据测定，水龙头在没关紧或者失修的情况下，如果连着不停滴水的话，在 1 个小时里可以集到 3.6 千克水，1 个月里可集到 2.6 吨水。这些水量，足以供给一个人的生活所需。可见，一点一滴的浪费都是不应该有的，更不要说水流动的水了，对于一个节水喷头和一个普通喷头在水流动状态下，两个的用水量明显不同。而对于马桶这样耗水量大的器具来说，节水更是势在必行。有人曾算过一笔账：一个老式抽水马桶每次冲洗要用掉 9 升水，一个新型节水抽水马桶才为 6 升。两相比较，老式的抽水马桶浪费了 3 升左右的水。而 3/6 升双键节水马桶可以根据需要冲出 3 升或 6 升的水量，通过双键控制水量可以节约多少水呢？以每个家庭 3 口人计算，每人每天冲水 4 次（一次大便三次小便），以 9 升马桶为例，每月用水约为 3240 升水；如果用 3/6 升马桶则为每月 1350 升，不仅能节省 1890

升自来水，还能减少
1890 升污水的排放。虽
然这样每月才省五六元水
费，但几十年下来，也仍
然省下了一笔可观的
水费。

新型节水龙头

如果家庭全部改使用
节水器具，如：节水马
桶、节水坐便器系统、节水冲洗阀、节水淋浴器、节水洗衣机等。仅这
几项，虽然在刚开始投入大，但一年下来就能节约大量的生活用水，省
下的水费更是可观。如果每个家庭都改用节水器具，那么每年全国就能
节省下巨大的淡水资源，排出的生活污水也会同比减少。水荒、水污染
等问题自然也会减少，而最终受益的还是我们自己。所以，何乐而不
为呢！

★ 做好家庭用水记录

俗话说，勤笔免思。如果每天定时把家中水表的读数记录下来，会
有许多好处：每天、每月、一年的用水量，可以很容易地查算出来，交
水费也就不再是盲目的了。因为用水情况已记录在案，所以有没有浪费
就可以看出来，节水该从何处下手也心中有数了。每天一记，举手之
劳，并不是很困难，但要数月或数年如一日，就是对恒心、毅力、耐
心、细心的一种不大不小的考验。记下这本流水账，可以看出用水量的

变化。这种变化和气温、阴晴、干湿等因素什么关系？和家庭生活水平变化（买电风扇、电冰箱、空调机，饮食习惯的改变等）有无关系？谁说这不是科学研究呢？久而久之这种行为本身就会促成你的节水意识。

节约用水，人人有责。只有大家都注意节水，水荒才能远离我们而去，生活才会安定和谐，环境才会优美舒适。我们掌握这个方法之后，不但要自己身体力行，还要做好宣传工作，告诉亲朋好友，让大家都来做好节水记录，树立起节水意识，珍惜每一滴水。

2009 年北京市宣武区"节水宣传周"活动

★ 怎样洗餐具更省水

很多人吃完饭就把空盘子空碗一股脑放进水池子里，弄的水池子满是油不说，还得放很多洗涤剂。洗涤剂是在水溶液中通过乳化、分散、起泡作用达到去污效果的。油污量大必然需要更多的水和洗涤剂。这样洗餐具既废水又难以洗干净。还有的人直接打开水管用流水冲，通常为了洗一个盘子会浪费掉将近一盆的水。

那么最好的办法就是先将餐具上多余的污物刮净后，先用少量热水洗一遍，然后再用冷水冲洗干净，即可以很好地清洁餐具，也可达到节水的目的。或者，用长期没有食用的陈旧玉米面或者面粉，或者食用碱面把要洗的油污餐具先擦洗一遍再用水冲。同时，在洗餐具的时候最好放在盛好水的容器里清洗第一遍，然后再用流水清洗第二遍。这样做不仅节约了用水，而且环保健康，不失为个妙招。

★ 洗菜节水法

洗菜当然要用水，怎样才能既把青菜洗干净又不浪费水呢？有的人在洗菜的时候，喜欢把水龙头开着，哗哗地冲洗，这样特别费水。所以，别小看洗菜这个小事，它不知不觉中能喝掉你好多水呢。所以教你几招洗菜省水的好办法。

先择后洗。可以先把青菜不能吃的根部、败叶、老叶去掉，抖掉菜上的泥土，然后再洗，对有皮的蔬菜如土豆、南瓜等也先去皮，然后再进行清洗；

适当浸泡，洗菜更干净。洗菜时把菜放在盆里直接用水冲，既浪费水，效果也不好。其实可以适当浸泡蔬菜，一可以把粘在菜叶上的泥土泡掉，利于清洗，减少清洗次数，二可以让水充分溶解蔬菜中的残留农药，和其他水溶性的有害物质。为了达到这个目的，在浸泡的过程中还可以放上一些"添加剂"。

可以加点盐。盐水洗菜可以杀菌，还可以杀虫。有些菜叶上的小虫用清水洗不下来，可以放在2%的食盐水中浸泡3分钟，菜叶上的小虫就会乖乖浮出水面，轻松被除掉。对于大白菜、卷心菜之类的蔬菜，可以先切开，放入食盐水中浸泡数几分钟，再用清水冲洗来清除菜心的农药残留。

可以加点碱面。在温水中加上少量碱，这样的稀碱液可以起到解味、去皮的作用。一般的蔬菜只要浸泡五六分钟，再用清水漂洗干净就行。例如，大家爱吃的莲子粥，做的时候就可以用这种办法浸泡干莲子，这样做出来的莲子粥会更香、更软。

可以加点小苏打，同样可以起到杀菌的作用。但浸泡的时间要稍长一些，大概需要15分钟。

多搓洗，少冲洗。有的人在洗菜时图省事，想节省时间，把菜放在流水下哗哗冲洗，认为水的冲力可以洗净蔬菜上的泥沙，其实不是这样的，用水冲洗菜不但浪费水，而且不如用手搓洗菜洗得干净。所以不如用盆盛上水，在适当浸泡了以后，用手认真掰开菜叶，揉搓蔬菜，洗完一遍以后，把菜放在漏筐里沥干水，再放水清洗，可以防止把菜上残留的泥沙又带进清水里。洗菜时一盆一盆地洗，据统计这样每次洗菜可以节省5升左右的清水，一个家庭每天洗菜3~5次，一年下来，节水量是相当可观的。

洗菜也讲个顺序。一般来说，先清洗叶类、果类蔬菜，然后清洗根茎类蔬菜。

用盆接水洗菜代替直接冲洗。每户每年约可节水 1.64 吨，同时减少等量污水排放，相应减排二氧化碳 0.74 千克。

★ 别随便倒掉淘米水

米是我们吃得最多的食物，在做饭之前，由一个必经程序就是要把米用水洗干净，很多人把淘米的水随手就倒掉了，很可惜，为什么呢？因为淘米水可以说是天然的"营养品"和"去污剂"。

淘米水中有不少淀粉、维生素、蛋白质等，可以用来浇花，作为花木的一种营养来源，既方便又实惠，同时还达到了节约用水的目的。

淘米水去污能力强，淘米水属于酸性，有机磷农药遇到酸性物质就会失去毒性，青菜清洗之前先用淘米水浸泡 10～20 分钟，可以有效去除菜叶上的农药残留物，泡带皮吃的水果也可达到同样效果。用淘米水刷洗碗碟，不仅去污力强，还不含化学物质，胜过洗洁剂，而且不污染水质。

★ 刷牙洗脸怎样节水

每天早上起来，人们必做的一件事就是洗脸、刷牙、洗手，而在这些看来最为平常的事情中却有着不平常的节水技巧。有的人洗脸的时候，习惯开着水龙头，然后用手捧着水洗脸，先把脸弄湿，用洗面奶在脸上轻轻揉，直到出现泡沫，再用水把泡沫洗干净，这个过程中，水一直流着，这叫长流水洗脸；还有一种洗脸办法，就是用一个盆子接上一定量的水，关了水龙头，捧着盆里的水洗脸，然后再换一盆水，一般用3 盆水就可以把脸洗干净了。哪一种洗脸方式省水呢？再说洗手，在洗手的时候，有的人就让水龙头一直开着，往手上打肥皂时也是，一直到把手上的泡沫冲干净才关掉水；还有刷牙的时候，有的人根本不用刷牙缸，先开水龙头，才挤上牙膏，刷牙，刷完牙，漱嘴，把牙刷冲干净，这才关上水龙头。如果在洗手打肥皂的时候把水龙头关住、刷牙的时候用个缸子装水而不是用长流水，哪一种方式更省水也并没有增加麻烦呢？答案是不言而喻的。

用长流水洗脸的时候，洗脸要花 2 ~ 3 分钟时间，水龙头一直开着，水也就要流 2 ~ 3 分钟，根据试验和统计表明，一般来说，水龙头开 1 分钟，就会耗掉自来水 8 升左右，2 ~ 3 分钟则耗掉清水 16 ~ 24 升。而用手捧起洗脸的水约占流水的 1/8，其他的就白白浪费了。如果改用洗脸盆洗脸，每人每次只用 4 升左右的水就足够了。比如一个 3 口之家，如果都用洗脸盆洗脸，每人每次节约清水 16 升左右，按每人每天洗脸 2 ~ 3 次算，那么全家每天可以节水 120 升左右，一个月全家可节水 3600 升左右。有关调查显示，有 50% ~ 60% 的人在洗脸时不关水龙头，如果这些人改变一下洗脸的习惯，这对于一个小区、一个城市、一个国家，甚至整个地球来讲，可以节约很多的清水资源，这可是一个不小的数目呢！

刷牙也是这样，如果刷牙用 2 ~ 4 分钟，就要流掉 24 升左右的清水，其中绝大部分水都白白地浪费了，而同样是刷牙，如果用水杯来接水，然后关闭水龙头开始刷牙，浸润牙刷，短时冲洗，勤开勤关水龙头，刷牙的效果完全一样；而这种刷牙方式一般只用 3 杯水，用水 0.6

升，比起长流水的刷牙方式，节水率达96%！如果一家3口人都采用水杯接水刷牙的方法，按每天刷牙两次算，一天就可节水140升左右，一年的节水量可达51000升！

洗手在家庭中是最常见的用水行为了，饭前便后都要洗手，洗手的过程就是节水的过程。除了注意勤开勤关水龙头，不用长流水洗手，还有男士刮脸的时候，如果开着水龙头冲洗刀片用水量是30～40升，如果用事先接好的一盆水清洗，用水量仅为1～2升，可节省水量为30余升。另外，还提倡大家安装使用节水龙头，比如在宾馆、饭店等公共场所更应该提倡使用感应节水龙头，当手离开时，水阀就会自动关闭。这种感应水龙头可比手动水龙头节水30%左右。另外，还要避免家庭用水跑、冒、滴、漏。一个没关紧的水龙头，在一个月内就能漏掉约2吨水，一年就漏掉24吨水，同时产生等量的污水排放。所以，在晚上临睡前或者出门之前一定要检查一下水龙头是否关严，而且在停水期间如果忘记关水龙头就外出，来水时家里没人管，会浪费大量的水不说，还会造成更大的损失。

★ 怎样洗澡更节水

洗澡也和洗脸、刷牙一样是最平常不过的事，有的人一天可能要洗不止一个澡，特别是炎热的夏天，一身大汗的时候冲个澡，真爽啊，疲劳和辛苦一洗了之！可你想到没有，洗澡的过程也是我们节水的过程。

洗澡不要太频繁。过于频繁地洗澡不仅浪费水，对皮肤的健康也没有好处，尤其是在干燥的秋冬季节，因为沐浴液除去皮肤上的油脂和皮屑的同时，还会使身体上保护皮肤的皮脂被洗掉，这样皮肤就会感到干燥紧绷。如果洗澡频繁，感觉会更加明显，所以每星期洗澡以 1～2 次最为适宜。

洗澡最好用淋浴。淋浴比盆浴更为省水一些，淋浴 5 分钟用水仅是盆浴的 1/4，既方便又卫生更节水，但也要避免长时间冲淋。据美国纽约市民节水资料报道，淋浴时，长流水洗澡，用水量是 120 升左右，如果先冲湿后用沐浴露或者香皂，再打开水龙头冲洗，用水量只是 40 升左右。淋浴时间以不超过 15 分钟为宜（每超过 5 分钟会流失 13～32 升的水）。所以洗澡要抓紧时间，先淋湿全身随即关闭喷头，然后通身搓洗，最后一次冲净，不要分别洗头、身、脚，用香皂或浴液搓洗，一次冲洗干净。另外，洗澡时间长了，因人体皮肤、肌肉过度松弛而引起疲倦、乏力，吸入由热水中挥发出来的有机氯化物也多，而三氯甲烷等有机氯化物对人体相当有害。

选用节水喷头。淋浴用的喷头是节水的关键，普通龙头流出的水是水柱，水量大，常用喷头 70%～80% 的水飞溅，大部分水被白白浪费掉，使用率只有 20%～30%。最好使用花洒式喷头，既能扩大淋浴面积，又控制了水的流量，达到节水的目的。而且现在的花洒有些是专门设计了节水功能的，在节水器具上加入特制的芯片和气孔，吸入空气后产生一种压力，并进入流柱中，空气和水充分混合，相当于把水流膨化后喷射出来，因此，在达到节水目的的同时，其冲刷力和舒适度是不变的。

间断放水淋浴。淋浴时不要让水自始至终地开着，抹浴液时、搓洗时不要怕麻烦，把水关掉，每次至少可节省约 30 升的水。洗澡时要专心致志，抓紧时间。

连续洗澡可省水。家中多人需要淋浴，可几个人接连洗澡，能节省热水流出前的冷水流失量。不但省水，而且省电或煤气。

软管越短水越省。淋浴喷头与加热器的连接软管越长，打开后流出的冷水就会越多，通常这些清水都会被放掉而造成浪费，所以软管应尽量短。（如受条件限制必须加长）可在打开喷头前在下面放一个干净的容器，专门接这些清水，可以用来洗脸洗手，或冲马桶。

盆浴节水有窍门。如果十分喜欢盆浴，要注意水不要放满，有 1/4～1/3 就足够用了。还可以使用节水浴缸，因为它不仅容积小还可使用循环水。节水型浴缸主要依靠科学的设计来节约用水，它们往往设计得比普通浴缸要短，符合人体坐姿功能线，所以，在放同样水量的时候，就显得比传统浴缸要深，避免了空放水的现象，一般能比普通浴缸节水 20% 左右。

洗澡水巧利用。将洗澡冲下的肥皂水和洗发水等有化学物质的水收集起来，可用于洗衣、洗车、冲洗厕所、拖地等（可节省清洁剂的用量）。洗澡水里有肥皂香味，拖过地之后会有淡淡清香，就不用什么拖地清洁剂或芳香剂了，不妨一试。

洗澡水收集窍门。淋浴时，在脚下放置一个盆接淋浴水。注意盆要大，因为水量很多。如能站在浴缸里洗，收集效果会更好。

洗澡时别洗衣服。最好不要在洗澡时"顺便"洗衣服、鞋子。因为用洗澡时流动的水洗这些东西，会比平时用盆洗浪费 3～4 倍的水。

★ 小件衣服用手洗

小件衣服，尤其是夏天穿的衣服或者内衣，尽量选择手洗。用洗衣机洗不仅浪费大量的水电资源，而且容易对衣物造成污染。因为，洗衣机洗衣服大多是很多衣服都放在一起洗，如果用完后清洁不干净，洗衣机内会滋生大量细菌。而夏天的衣服和内衣大多都是贴身穿的衣物，如果感染上了细菌必然会对自身健康造成威胁。因此，如果是小件衣服的话，尽量选择手洗，这样不仅节水节电，还可以锻炼身体，又保证了衣物的洁净，何乐而不为呢。

手洗衣服也节水

★ 洗衣机节水窍门

过去奶奶、妈妈们洗衣服的时候就是拿一个大盆子，泡上衣服，用搓衣板用力搓洗，有时洗大件的床单、被罩或者厚衣服的时候，一洗就是半天，累得满头大汗。洗衣机的发明把她们给解放了，现在洗衣服的活儿交给了它，放进衣服、水、洗衣粉，别的都不用管了，特别是现在出了很多功能多的新型洗衣机，洗衣全程用电脑控制，还带烘干，太方便了，可是，用洗衣机洗衣服要耗费大量的水。那么，怎样在享受轻松的同时还能最大限度节约呢？

新型洗衣机

首先，要选一台节水、节能、洗净比高的洗衣机。节能洗衣机比普通洗衣机节电 50%、节水 60%，在使用时弄清洗衣机的全部功能，合理用水，学会洗衣节水方法。洗衣耗水是现代家庭用水的一大部分，特别是用全自动洗衣机。

虽然节省了人力和时间，但却大大增加了洗衣的用水量。当我们使用洗衣机时，应注意以下几个问题，以利更好的洗净衣物，并能有效地节约用水。

（1）先将新洗衣机的功能弄清楚。根据洗衣机的说明书和实际使用的经验，了解清楚洗衣机洗衣容量、各种不同衣物的洗涤时间和漂洗次数。（2）了解洗衣机各档的大约用水量和衣物的洗涤重量。一般洗衣机高、中、低水位相对应的用水量约为 160 升、130 升、80 升左右。洗衣机高、中、低水位时的洗衣量应根据洗衣机的性能决定，一般说明书上都写得很详细，要仔细阅读。（3）根据所洗衣物的多少，确定洗衣机中的水位。这样，既保证洗衣的质量，又控制用水量。当洗少量衣服时，用高水位，衣服在高水里飘来飘去，互相之间缺少摩擦，反而洗不净衣服，还浪费水。目前，在洗衣机的程序控制上，洗衣机厂商开发出了更多水位段洗衣机，将水位段细化，洗涤启动水位也降低了 1/2，洗涤功能可设定一清、二清或三清等几种情况。我们可根据不同的需要选择不同的洗涤水位和清洗次数，从而达到节水的目的。

提前浸泡衣物可节水。在洗衣的过程中，正式洗涤前，先将适量洗衣粉放入水中摇均，然后将衣物浸泡在水中 10~14 分钟，让洗涤剂对衣服上的污垢起作用后再洗涤，这样可以减少洗涤时间和漂洗次数，既节省电能，又能减少漂洗耗水。

洗衣服时，加入洗衣粉的多少不但是衣物洗得干净与否的问题，也是漂洗次数和时间的问题，更是节水、节电的关键。因此，应根据衣物的性质和脏净程度，掌握好水中洗衣粉的浓度。以额定洗衣量 2 千克的洗衣机为例，低泡型洗衣粉，低水位时约用 40 克，高水位时约需 50

克。按用量计算，最佳的洗涤浓度为 0.1% ~ 0.3%，这样浓度的溶液表面活性最大，去污效果较佳。

根据衣物性质、脏净度巧用洗衣机。为更好地利用洗衣机，即洗干净衣物，又达到节水的目的，一般可从以下几个方面寻找窍门和经验：

（1）先薄后厚。一般质地薄软的化纤、丝绸织物，4 ~ 5 分钟就可洗干净，而质地较厚的棉毛织品 10 分钟才能洗干净。厚、薄衣物分开洗，可有效缩短洗衣机的运转时间和降低用水量（水位）。(2)分色洗涤。不同颜色的衣服分开洗，先浅后深，可以节水。（3）分类洗涤。将需要洗的衣服根据脏净程度、污物的类型分类，分别采取不同的洗涤方式、不同的水位、洗涤时间和不同的漂洗次数。一般应按先洗干净衣物，然后再洗较脏衣服的顺序洗涤。对不太脏的衣物，尽量少用洗涤剂并减少漂洗次数。由于当前衣物的质量比较好，大家基本上在没有穿破（坏）就淘汰了。每次漂洗水量宜少不宜多，以基本淹没衣服为准，可达到节水目的。水量太多，会增加波盘的水压，加重电机的负担，增加电耗；水量太少，又会影响洗涤时衣服的上下翻动，增加洗涤时间，使电耗增加。洗少量衣服时，把水位定低些。（4）集中洗涤。当所洗的衣物较多时，最好采用集中洗涤的办法即一桶洗涤剂连续洗几批衣物，洗衣粉可适当增添。

漂洗时，最好把衣物上的肥皂水或洗衣粉泡沫甩干后再漂洗，以减少漂洗次数。脱水时间要缩短。一般衣物脱水 2 分钟就可以了，尼龙制品 1 分钟就够了。

漂洗后的水还可以冲洗用来洗拖把或者冲马桶以达到节水的效果。

为了节能节水，我们提倡每月至少手洗一次衣服，如袜子、和每天换洗的小衣服最好用手洗，如果只有两三件衣物就用洗衣机洗，会造成水和电的浪费。

★ 养鱼节水法

现在，随着人民群众生活水平的提高，越来越多的人加入到养鱼的行列。鱼越养越多，鱼缸也越来越大，随之而来的是用水也在不断增加。但是很多人却不知道其实在养鱼方面，同样有节水的高招，下面就给大家介绍两种。

一是根据各种鱼的大小、习性和对水的要求，进行分门别类的分缸养，在观赏鱼的同时，注意观察按鱼的需要增氧补水，补水是既要考虑鱼的需求，同时还要注意节水。

二是可用鱼缸换出来的水来浇花。因为这些水中有鱼的粪便，比其他浇花水更有营养。用养鱼的水浇花，还能促进花木生长，真是一举多得。

★ 浇花节水

很多家庭喜欢养花，摆在院子、阳台和房间里，这是一个很好的爱好，可以美化环境，净化空气，还可以陶冶情操，看到绿草幽幽，花开灿烂，令人望之顿生喜悦，感到生活的美好，下了班或者放了学，给花浇水、施肥、松土，可以放松心情，减轻压力。养花当然要浇水，而且用水也不少，你有没有既节水又科学的浇花习惯呢？

浇水分量要把握。很多住楼上的市民给自家阳台上的花浇完水后，楼下过道的地面都会湿透了一大片。这样不仅浪费水，也给楼下行人造成不便，所以浇花节水法的第一招就是要摸清花草的习性。家庭浇花并不是水浇得越多越好，有的花耐干旱，就少浇一些。对于不是特别喜湿的花，可以将湿润的纱布一端裹在花盆表面的土上，另一头放在水杯里，还可以在塑料瓶底部扎个小孔装满水放花盆上让它渗水，一小瓶就足够一盆花用一周；在干燥地区可以在花盆底下放

节水浇花

一个装有水的盘子，给花一个湿润的环境，这样平时给花每天喷水即可。

浇花也要选时间。浇花时间尽量安排在早晨和晚上，因为这个时候温度较低，水分蒸发速度减慢。

多方汇集浇花用水。用剩茶水浇花。茶水所含的物质花草也都同样需要，所以用来浇花一举两得，但不要把茶叶和茶水一起倒在花草盆里，因为湿茶叶风吹日晒后会发霉，产生的霉菌会对花草造成伤害；而且茶水不能用来浇仙人球之类的碱性花卉，只适合浇酸性花卉如茉莉、米兰等。

用养鱼水浇花。鱼缸每天都要换水，而很多花草也得每天浇水，这样每天都要用去很多水，鱼缸换下来的水含有剩余饲料，用它浇花，可以增加土壤养分，促进花卉生长。

淘米水浇花。淘米水中含有蛋白质、淀粉、维生素等，营养丰富，

用来浇花，会使花卉长得更茂盛。

煮蛋水浇花。煮蛋的水含有丰富的矿物质，冷却后用来浇花，花木长势旺盛，花色更艳丽，而且花期延长。

变质奶浇花。牛奶变质后，不要急于倒掉，可以加水用来浇花，有益于花儿的生长，但是兑水要多一些，而且没有发酵的奶不能用来浇花，因为它在发酵时会产生大量的热量，会把花根"烧烂"。

如果你家种的花多，又刚好有个小院子，那就不妨在院子里多摆几个水桶，等到下雨天时多接点雨水储存起来，用来浇。

★ 空调节水

看到"空调节水"这个字眼大家肯定很纳闷，有点不知所云，空调怎么能节水呢？下面就给大家介绍一下，看看空调到底怎么节水。

盛夏炎热的天气，家家的空调都在夜以继日地工作，但是空调滴的冷凝水"滴滴答答"打在下层住户的遮阳篷上，声音听起来像敲鼓，也是一种噪音。而且楼上住户排出的冷凝水流到地面上会滋生绿苔、杂草，造成的积水还会滋生蚊子，看起来冷凝水真是没什么用处，但这可不一定。

据统计，一台功率为 2 匹的空调在常温制冷或除湿工作时，每天开 6 小时，平均每小时可排出冷凝水 3 升左右，每天就可回收冷凝水 18 升；一个夏天，按使用空调 60 天、每家按一台空调（功率为 2 匹）来算，可回收 1 吨左右，对于一个中等城市，按全市 60 万户计算，一个夏天可以回收 60 万吨水！所以，节约不是我们某个人的事，而是全社会的事。

空调滴下来的冷凝水在一般条件下是干净无害的，水质较好，酸碱度为中性，与蒸馏水相近，并且是软水，可以好好利用，如果在空调排水管下装一个可乐瓶，装满后再盛入容器内，或者把自家

空调滴水管化为节能装置

空调的排水管引到屋内，下面接一个空桶，积少成多，不但可以用来冲马桶、洗拖把。用来养鱼，浇花效果更好，空调冷凝水的 pH 值为中性，十分适合养花、养鱼，用于盆景养殖还不易出碱，这又是个一举多得的好方法！

★ 洗车节水法

随着家用汽车的普及，洗车行业日渐红火，但随之带来的是水资源的大量浪费。一般情况下洗一辆小车用水约 30 ~ 40 升，要是大车的话还要翻倍，一个洗车场每月下来要用掉 150 吨左右的水，一年下来的用水量够一个普通家庭用五六年。更何况这只是一个洗车场的用水量，要是把一个城市的洗车用水量加起来，数字非常惊人。但如果洗车行业做好节水工作，那么也将会省下大量水，这不仅不影响洗车的效果，还可以带来更多的收益。因此，我们应该采取节水措施，引

进新设备推广无水洗车、废水回收利用、中水利用等节水的洗车方法；实行计划用水。

节水洗车

同时，车主尽量不要自己在家或者单位直接拿着水管冲洗，因为这种洗车的方法不仅比普通洗车行还浪费水，而且还冲洗不干净。如果非要自己洗车的话，你可以先用吹风机或者吸尘器之类的东西把车表面的灰尘吸走，然后再用水擦洗，这样也不失为个好方法。

★ 公共场所要节水

食堂、公共浴室、公共洗手间等很多地方都有"长流水"现象，这是一个非常令人头疼的问题。我国《水法》指出，水资源属于国家所有，即全民所有。世界各国也都规定，水是公共财产。因此，人人都应当具有公水意识。人人爱护水，节约水，反对浪费水、污染水，大自然才能与我们和谐相处，生活才能健康、幸福、美满。

无人问津的"长流水"

如果你在公共场所，看到"长流水"要随手关掉阀门，如果阀门坏掉或者年久失修的话，要及时向有关部门反应这个情况。在公共浴室洗澡，不能因为花了钱就要狠命用水，恨不得把自己掏的钱全用回来。节约用水不分公私，不管你是在哪里节约水都是为环境贡献自己的微薄之力，只要你坚持，就可以收到水滴石穿的效果。

3. 绿色行动——家庭用水的小循环

生活中，我们时时处处都会用到水，做饭、洗菜、洗衣、洗澡、冲厕、拖地板等等，每完成一个生活步骤，都离不开水，在使用大量水的同时也会产生不少污水。

根据家庭用水的主要用途和对水质的不同要求，家庭用水可以分为三级。第一级：户外用水。比如，浇灌花草等，这个对水质要求不高，不需要净化；第二级：生活用水（有一定的水质要求）。家庭用水中有95%用于清洁人体、冲厕，以及室内卫生。对这部分水的水质要求是除去水中的杂质和硬度，以有利于洗浴和各种洗涤工作的完成，以及家庭用水设备的使用和维护。第三级：饮用水。饮用水则要求进一步深度净化，达到健康安全、卫生及改善口感的目的，要求相对较高。

除工业用水外，家庭已成为城市耗水大户，如能在家庭建立循环水系统，将会节约大量的水，有效保护水资源。首先，充分利用淘米水。初始的浊淘米水可用来浇花，它是水源也是营养源，不论你养多少盆花，只要把淘米水积攒起来都会够用，而且叶壮花鲜。清淘米水可用来洗第一遍菜。洗菜水可用来清洗水池及灶台等厨房用具。家庭沐浴水可接存起来，用来洗便池。洗衣水可用来清洗便池和地漏，漂洗衣服水等可用来擦地、洗拖把。家庭节水是小事一桩，许多人不屑一顾。可是在收取水费时，会使你大吃一惊，水费将减少50%以上，而城市也将节水30%以上。这不但使你节约了开支，也会减少城市的供水压力。我们何乐而不为呢？

饮食篇

饮食是人类维持生存的必要活动，人类自诞生之日起就学会了寻找食物，只是那个时期食物是为了果腹，人们更关注的是饥饱问题。随着生产的发展，食物的种类也日渐丰富，人们饮食不仅仅是为了填饱肚子，而是更多地学会了品尝，讲究色香味俱全。餐桌上的食物越来越精，人们想方设法地用尽各种手段去改造食物的色泽口味，从一开始的烹饪手段、器具、材料的选择，到后来食品添加剂，如香辛料、抗氧化剂、着色剂，人们所吃的食物越来越漂亮精致，却越来越不安全。晶莹剔透的大米中掺杂着石蜡；雪白的面粉却是经过了漂白的；鲜红的辣椒末却是添加了苏丹红；催熟的西红柿在冬季成为餐桌上一道亮丽的风景；春天还能吃到的烤白薯不知道用了多少保鲜剂；肯德基餐厅火爆的场面背后是人们用激素催肥的鸡；超市热卖的深海鱼其实已经被污染……

　　饮食的健康环保问题在今天已经成为人们谈论的重要话题。最著名的生态环境病是上世纪中叶发生在日本的水俣病。该病是以地名命名的。在靠近水俣湾的水俣市，突然爆发一种前所未有的怪病。发病者中渔民明显高于农民。发病前毫无征兆，发病时会突然表现出头疼、耳鸣、昏迷、抽搐、神志不清、手舞足蹈、行动障碍不能直线行走，严重者数日内死亡，轻者症状终身不退，可随时发作，只能以药物暂缓痛苦。后来研究发现，其实就是汞污染致病。水

日本水俣病患者

俣市的一家化工厂常年大量向附近海域排放未经处理的高汞的工业废水。水俣湾恰好又是一个口袋型海湾，出口狭小，排放的工业废水很难被广阔海域的海水淡化，聚积在较为封闭的海湾内。海湾的鱼虾蟹贝类等海洋生物因海水的污染，食物链的转移和富集，体内积存了大量剧毒的重金属汞。人若食用这些有毒的食物，其中相当一部分有害物质就会留在人的身体里。当人体内汞的含量超过临界点以后，人就会突然发病。也就是说当地的渔民是因为过多地食用了这种受污染的海鲜而致病的。

除此之外，世界上每年都有很多类似的由于饮食而引发的疾病。众多饮食问题的出现迫使人们重新去思考，环保与健康不再是毫无关联，而是密切相关。人们的消费观念也随之发生了重大变化，由崇尚美味到更加回归自然，绿色饮食现在已经成了一种消费的时尚。但是你又对绿色食品了解多少呢？怎么才能吃出健康绿色来呢？面对市面上琳琅满目的食品我们怎么去选择健康食品呢？怎样才能防止食品污染呢？在食品食用和存放时又该注意哪些问题呢？饮食跟环保又怎么会挂钩呢？而对于跟饮食密切相关的环境我们又应该注意什么呢？本篇就为你讲述吃出来的绿色健康。

1. 绿色食品到底绿在哪儿

A级绿色食品标志（左）
AA级绿色食品标志（右）

无公害产品标志 绿色食品标志

"绿色食品"——特指遵循可持续发展原则，按照特定生产方式生产，经专门机构认证、许可使用绿色食品标志的无污染的安全、优质、营养类食品。之所以称为"绿色"，是因为自然资源和生态环境是食品生产的基本条件，由于与生命、资源、环境保护相关的事物国际上通常冠之以"绿色"，为了突出这类食品出自良好的生态环境，并能给人们带来旺盛的生命活力，因此将其定名为"绿色食品"。

绿色食品必须同时具备以下条件：

（1）产品或产品原料产地必须符合绿色食品生态环境质量标准。

（2）农作物种植、畜禽饲养、水产养殖及食品加工必须符合绿色食品的生产操作规程。

（3）产品必须符合绿色食品质量和卫生标准。

（4）产品外包装必须符合国家食品标签通用标准，符合绿色食品特定的包装、装潢和标签规定。

此外，值得消费者注意的是，绿色食品标志使用有效期只有 3 年，期满后必须重新申报认证方可继续使用。选购时还要注意，只有包装上同时带有图标和以"LB"开头编号的才称得上真正的绿色食品，否则便是假冒。

无污染、安全、优质、营养是绿色食品的特征。无污染是指在绿色食品生产、加工过程中，通过严密监测、控制，防范农药残留、放射性物质、重金属、有害细菌等对食品生产各个环节的污染，以确保绿色食品产品的洁净。绿色食品的优质特性不仅包括产品的外表包装水平高，而且还包括内在质量水准高。产品的内在质量又包括两方面：一是内在品质优良，二是营养价值和卫生安全指标高。

2. 如何吃出健康绿色来

★ 有机食品的辨别方法

不少消费者对有机食品与绿色食品的区别不甚明了。绿色食品是向有机食品过渡的一种产品。专家指出，来自于有机农业生产体系，并通过独立的国家权威有机食品认证机构认证的食品，是一种环保安全型食品，有机食品要求原料基地在最近3年内保留。专家指出，有机食品是指来自于有机农业生产体系，并通过独立的国家权威有机食品认证机构认证的食品，是一种环保型安全食品，是真正的源自自然、富营养、高品质的安全环保生态食品。有机食品要求原料基地在最近3年内未使用过农药、化肥、除草剂、植物生长调节素等违禁物质。在生产和流通过程中，有机食品必须有完善的质量控制和跟踪审查体系，并有完整的生产和销售记录档案。消费者在选购粮食、蔬菜、果品、畜禽、水产品和食用油等时，应注意有机食品的标志。达到有机食品所有标准的产品被允许使用食品有机标签。有机食品标志由两个同心圆、图案以及中英文文字组成。内圆表

有机食品标志

示太阳，其中的既像青菜又像绵羊头的图案泛指自然界的动植物；外圆表示整个地球。整个图案采用绿色，象征着有机产品是真正无污染、符合健康要求的产品以及有机农业给人类带来了优美、清洁的生态环境。

★ 有机食品与其他食品的区别

有机食品与其他食品的区别主要有三个方面：

第一，有机食品在生产加工过程中绝对禁止使用农药、化肥、激素等人工合成物质，并且不允许使用基因工程技术；其他食品则允许有限使用这些物质，并且不禁止使用基因工程技术。如绿色食品对基因工程技术和辐射技术的使用就未作规定。

第二，有机食品在土地生产转型方面有严格规定。考虑到某些物质在环境中会残留相当一段时间，土地从生产其他食品到生产有机食品需要 2~3 年的转换期，而生产绿色食品和无公害食品则没有转换期的要求。

第三，有机食品在数量上进行严格控制，要求定地块、定产量，生产其他食品没有如此严格的要求。

★ 如何杜绝食品的二次污染

二次污染，其实就是在饮食中不注意或者饮食习惯不合理，对食物造成再一次的污染。

其实，我们身边某些包装食品的东西，如买菜时白送给你的有色塑料袋等，对人体造成的危害是比较大的。

为了避免食品的二次污染，应该做到以下几点：

（1）如果到菜市场买菜，提倡使用菜篮子或自己携带安全的食品塑料袋，否则应尽量要求商家提供白色或无色透明的塑料袋。

（2）慎用"不明身份"的塑料制品装热、油、酸等食品。

用保鲜膜保鲜食物不保险

（3）在购买和使用食品塑料包装袋时应注意以下几点：食品塑料包装材料的颜色应为白色、半透明或无色透明状，其他颜色塑料袋均不宜用于包装直接入口的食品；食品塑料袋触感光滑，用手抖动声音清脆；食品塑料袋遇明火易燃，离火后仍能继续燃烧，无异味；食品塑料袋比重比水小，可浮出水面。

★ 食物的真空包装也会滋生细菌

在人们的印象中，真空包装食品由于断绝了与空气接触的机会，所以不会轻易滋生细菌。真空包装作为一种保鲜技术，已经在发达国家得到广泛应用。经过真空包装，食物能够锁住水分，保持新鲜色泽，延长保存日期。但美国的《生物医学中心》月刊的一项研究报告称，真空包装食品其实更容易为一种导致食物中毒的病菌提供有利的繁殖环境。

真空包装的食品与氧气隔离，从而保鲜并延长保质期，但同样也是对单核细胞增多性李斯特氏菌的恩赐，这种细菌导致的食物中毒能够使25%的感染者丧生。丹麦技术大学的生物医学人员研究发现，李斯特氏菌喜欢在无氧环境中生存。而真空包装食品与氧气隔离，在这种无氧环境下，李斯特氏菌会比正常情况下高出100多倍，从而导致食物中毒。与其他许多食品滋生的细菌不同，李斯特氏菌即使在冰箱的温度环境中也能繁殖。美国食品和药品管理局（FDA）指出，可能滋生这种细菌的食品包括火腿、生牛乳、午餐肉、软质熟干酪、生肉和熟肉、未经烹煮的家禽、生鱼和熏鱼等。

因此，大家在食用这些食品的时候，一定要注意卫生情况，尽量买比较有质量保证的产品，检查包装是否有漏气胀气现象。买回来的食品尽快食用，食用是要根据具体情况来做好食物的清洁和加热，以免引起食物中毒。

★ 小心有毒保鲜膜

保鲜膜轻轻一盖就能保住食物的美味，为保存食物带来了很大的便利，现在有很多家庭都离不开它们。微波炉食物加热会用上，在冰箱里存放食物同样会用上，人们似乎觉得用了它食品就安全、可靠了。但是，有的时候这保鲜膜本身就很难让人放心，更何况是用它包裹的食品呢？尤其是使用含有聚氯乙烯（PVC）塑料包装产品，则会对健康带来危害。

目前市场上出售的绝大部分保鲜膜和常用的塑料袋一样，都是以乙烯母料为原材料，根据乙烯母料的不同种类，保鲜膜又分为三大类：第一种是聚乙烯，简称 PE，这种材料主要用于食品的包装，像我们平常买回来的水果、蔬菜用的这个膜，包括在超市采购回来的半成品都用的是这种材料；第二种是聚氯乙烯，简称 PVC，这种材料也可以用于食品包装，但它对人体的安全性有一定的影响；第三种来讲是聚偏二氯乙烯，简称 PVDC，主要用于一些熟食、火腿等这些产品的包装。这三种保鲜膜中，PVC 保鲜膜用的增塑剂主要成分是乙基己基胺，简称 DEHA。这种物质容易析出，如果和熟食表面的油脂接触或者放进微波炉里加热，保鲜膜里的增塑剂就会同食物发生化学反应，毒素挥发出来，渗入食物之中，或残留在食物表面上，随着食物带入人体，对人体造成致癌作用，特别是造成内分泌、荷尔蒙的紊乱，对人体造成比较大的危害。

超市使用的 PE 保鲜膜

而另外两种材料的保鲜膜对人体是安全的，可以放心使用。因此消费者在选购商品时发现保鲜膜上有"PE"、"不含有 PVC"或"可用于微波炉加热"这样的标志，只要看到保鲜膜外包装上有"QS"标志的就是安全产品。

★ 别把冰箱当成保险箱

很多人把冰箱当成了家里的"食品消毒柜"，认为储存在冰箱里的食品就是卫生的。其实，冰箱因长期存放食品又不经常清洗会滋生出许多细菌。

美国佐治亚大学食品安全中心主任麦克洱·柯南道尔博士建议，冰箱里的食物虽然外表看起来还新鲜，但是实际上已经变质。对于熟肉类食物在冰箱中的储存时间不应该超过 4 天。

冰箱保存食物的常用冷藏温度是 4℃～8℃，在这种环境下，绝大多数的细菌生长速度会放慢。但有些细菌却嗜冷，如耶尔森菌、李斯特氏菌等在这种温度下反而能迅速增长繁殖，如果食用感染了这类细菌的食品，就会引起肠道疾病。

而冰箱的冷冻箱里，温度一般在 -18℃ 左右，在这种温度下，一般细菌都会被抑制或杀死，所以这里面存放食品具有更好的保鲜作用。但冷冻并不等于能完全杀菌，仍有些抗冻能力较强的细菌会存活下来。所以，从另一个角度来说，冰箱如果不经常消毒，反而会成为一些细菌的"温床"。

任何食品在冰箱里的储存时间不要太长，最好做到随买随吃，因为储存时间过长，既影响食品的鲜美，又易产生异味。还有一些水果，如

74

香蕉、苹果等，如果放久了也容易变质，一旦变质就会散发出一种对人体有害的气体。

冰箱里的食品也不要存放过多，这样会让食物的外部温度低而内部温度高导致变质。

★ 如何洗菜更健康

说起洗菜，你会觉得这太容易了。洗、泡、涮、擦，蔬菜怎么可能洗不干净？可是，你真的能保证，经过你如此一翻的清洗，蔬菜真的既能保存养分还能干干净净吗？洗菜可不是那么简单的！下面就简单介绍几种洗菜的小窍门：

如何洗菜更健康

在清洗包叶类青菜时，如大白菜、卷心菜、生菜等，要先把菜叶一片一片剥开拿去清洗，这样可以把彻底清除包在菜叶里面的残余农药。对于表面比较光滑的蔬菜，如黄瓜、西红柿、豆角之类的蔬菜直接用水清洗就可以清洗干净，但如果碰到像苦瓜之类的表面凸凹不平的蔬菜，可以选择用刷子刷。切忌，千万不要把蔬菜切碎后再洗，因为蔬菜切碎后与水的直接接触面积增大，会使蔬菜中的水溶性维生素如 B 族维生素、维生素 C 和部分矿物质以及一些能溶于水的糖类会溶解在水里而流失。同时蔬菜切碎后，还会增大被蔬菜表面细菌污染的机会，留下健康隐患。因此蔬菜不能先切后洗，而应该先洗后切。有些蔬菜容易生虫，小虫紧紧地吸在菜梗窝里或菜叶褶皱里，洗起来很麻烦。对付这种蔬菜的最好的方法是用 2% 的淡盐水洗，只需 5 分钟，就能洗净。同样这种方法也适用于放置时间较长的蔬菜。由于放置时间长，蔬菜会发蔫，如果用 2% 的淡盐水泡一下，蔬菜也会水灵起来。

洗菜时，有些人为了去除农药残留喜欢用洗洁精或者一些果蔬类专用洗洁剂来清洗，其实这类洗洁用品大多都含有对人体有害的化学成分，虽然能去除部分残留农药，但是在清洗过程中并不能保证完全冲洗干净。最有效的方法是用淘米水洗菜。因为淘米水属于酸性，有机磷农药遇到酸性物质就会失去毒性，青菜清洗之前先用淘米水浸泡 10~20 分钟，可以有效去除菜叶上的农药残留物，泡带皮吃的水果也可达到同样效果。

★ 清除果蔬残余农药有妙招

果蔬农药的残留问题一直以来是大家比较关注的问题。为了清除蔬菜尤其是叶类蔬菜中的农药残留，有人用盐水浸泡，有人用清洁灵浸泡，有人用热水焯一下，还有人把蔬菜储存起来，跟农药耗时间，等它们慢慢分解，一周后食用……为了吃得健康，人们想尽各种办法跟农药斗争。下面给你介绍几个妙招：

1. 水洗：一般蔬菜先用清水至少冲洗 3~6 遍，然后泡入淡盐水中再冲洗一遍。对包心类蔬菜，可先切开，放在食盐水中浸泡数分钟，再用清水冲洗，以清除残附的农药。

2. 去皮：蔬菜表面有蜡质，很容易吸附农药。因此，对能去皮的蔬菜，应先去皮后再食用。

3. 用洗洁精洗涤：先用洗洁精稀释 300 倍清洗一次，再用清水冲洗 1~2 遍，这样可去除蔬菜上的病菌、虫卵和残留的农药。但因为洗洁精本身就是化学产品，去除残留农药的同时也会残留在蔬菜上，所以建议尽量少使用为妙。

4. 用开水烫：对有些残留农药的最好清除方法是烫，如青椒、菜花、豆角、芹菜等，在下锅炒或烧前最好先用开水烫一下，据试验，可清除 90% 以上的残留农药。

5. 碱洗：先在水中放上一小勺碱粉（无水碳酸纳）或冰碱（结晶碳酸钠）搅匀后再放入蔬菜。浸泡 5~6 分钟，把碱水倒出去，接着用清水漂洗干净。如没有碱粉或冰碱，可用小苏打代替，但适当延长浸泡时间，一般需 15 分钟左右。

6. 阳光晒：利用阳光中多光谱效应，会使蔬菜中部分残留农药被分解、破坏。这样经日光照射晒干后的蔬菜，农药残留较少。据测定，鲜菜、水果在阳光下照射 5 分钟，有机氯、有机汞农药的残留量损失达 60%。

对于方便贮藏的蔬菜，最好先放置一段时间，空气中的氧与蔬菜中的色酶对残留农药有一定的分解作用。购买蔬菜后，在室温下放 24 个小时左右，残留化学农药平均消失率为5%。

此外，用淘米水洗菜能除去残留在蔬菜上的部分农药。我国目前大多用甲胺磷、辛硫磷、敌敌畏、乐果等有机磷农药杀虫，这些农药一遇酸性物质就会失去毒性。在淘米水中浸泡10分钟左右，用清水冲洗干净，就能使蔬菜残留的农药成分减少。

★ 含有天然毒素的果蔬

日常生活中大家可能没有注意到，有些蔬菜和水果本身含有天然毒素，在食用时应该小心为妙。新加坡《联合早报》曾对此进行过一次报道。

1. 豆类，如四季豆、红腰豆、白腰豆等含有植物血球凝集素。在进食后1~3小时内会出现恶心呕吐、腹泻等。红腰豆所含的植物血球凝集素会刺激消化道黏膜，并破坏消化道细胞，降低其吸收养分的能力。如果毒素进入血液，还会破坏红血球及其凝血作用，导致过敏反应。研究发现，煮至80℃未全熟的豆类毒素反而更高，因此必须煮熟煮透后再吃。

2. 竹笋，含有生氰葡萄糖苷，食用后数分钟可出现病发状况。喉道收紧、恶心、呕吐、头痛等，严重者甚至死亡。食用时应将竹笋切成薄片，彻底煮熟。

3. 苹果、杏、梨、樱桃、桃、梅子等水果的种子及果核。这也是人们在生活中最容易忽略的食物，以为经常吃的水果怎么会有毒呢？此类水果的果肉都没有毒性，果核或种子却含有生氰葡萄糖苷，在食用后几分钟就会出现与竹笋相同的症状。儿童最易受影响，吞下后可能中毒，给他们食用时最好去核，这样可以避免危险发生。

4. 鲜金针，味道鲜美，但其内含有秋水仙碱，食用不当会引起肠胃不适、腹痛、呕吐、腹泻等。秋水仙碱可破坏细胞核及细胞分裂的能力，令细胞死亡。经过食品厂加工处理的金针或干金针都无毒，如以新鲜金针入菜，则要彻底煮熟。

5. 青色、发芽、腐烂的马铃薯。这些都是人们容易忽视的，以为去掉了芽或者腐烂的地方也能食用，那就错了。马铃薯发芽或腐烂时，茄碱含量会大大增加，带苦味，而大部分毒素正存在于青色的部分以及薯皮和薯皮下。茄碱进入体内，会干扰神经细胞之间的传递，并刺激肠胃道黏膜、引发肠胃出血。会出现口腔有灼热、胃痛、恶心、呕吐等症状。

6. 鲜蚕豆。有的人体内缺少某种酶，食用鲜蚕豆后会引起过敏性溶血综合征，即全身乏力、贫血、黄疸、肝肿大、呕吐、发热等，若不及时抢救，会因极度贫血死亡。

7. 鲜木耳。鲜木耳含有一种光感物质，人食用后会随血液循环分布到人体表皮细胞中，受太阳照射后，会引发日光性皮炎。这种有毒光感物质还易于被咽喉黏膜吸收，导致咽喉水肿。

8. 腐烂变质的白木耳。它会产生大量的酵米面黄杆菌，食用后胃部会感到不适，严重者可出现中毒性休克。

9. 未成熟的青西红柿，很容易被忽视。它含有生物碱，人食用后也会导致中毒。

★ 小心海鲜中的重金属污染

海鲜的营养价值很高，许多人都对海鲜情有独钟，尤其是沿海居民，常年食用海鲜。但是，由于大量工业废水或生活污水排入海洋，造成海洋水污染日益严重，海洋中的生物也会受到不同程度的污染，尤其是近海岸的生物。

据调查，从元素角度看，在生物体中富集系数较大的是铜和锌，最低的是铬；从生物体类型看，重金属含量由大到小的次序为：底栖生物肉体、底栖生物壳体、植物体、鱼类。另外，底栖生物壳体和肉体中的重金属含量有很大差别，底栖生物中如牡蛎中的铅和汞，扁玉螺中的镉和汞，文蛤中的汞和铅。这些元素均为毒性较大的金属元素，都集中在壳里。这可能与生物的自我保护有关。就生物肉体而言，牡蛎肉体中重金属的富集系数最高，小鱼体中重金属的富集系数最低。这与鱼类主要是浮游动物有关，因为重金属主要分布在底泥中，在远岸的海水中含量较低。这也可以间接说明，重金属污染主要在海岸带。

水污染导致鱼类的大量死亡

所以，喜欢吃海鲜的人们一方面要了解这些产品的来源，尽量不要选择沿海口岸的海鲜。同时还要在加工上格外注意，特别是那种喜欢带壳烹饪的做法，会导致重金属的转移。

　　在食用过程当中要多吃肉少吃内脏：所有生物都有类似的排毒机制，将重金属储于肝、肾或甲壳组织，肉质相对较少毒素。另脂肪亦是积聚农药、雪卡毒及化学毒素的温，宜少吃鱼皮鱼头等脂肪多的地方。双贝类好过螺类：若要食用贝类，最好选双贝类，如炒蚬，因它们主要靠滤入水中的浮游生物或悬浮固体维生；相反螺类如东风螺却属于肉食者，嗜食同类的贝或海底的腐尸，受污染机会更高。

　　食量适可而止，其实人体本身有排去微量重金属的自然机制，只要不过量进食海产，问题不大。拣鱼宜小不宜大：体积愈大鱼类生长期愈长，愈易积聚重金属。

★ 怎样识别污染鱼

　　随着人类科学技术和生产的发展，尤其是农药和化肥的广泛应用、众多的工业废气、废水和废渣的排放，一些有毒物质，如汞、酚、有机氯、有机磷、硫化物、氮化物等，混杂在土壤里、空气中，源源不断地注入鱼塘、河流或湖泊，甚至直接进入水系，造成大面积的水质污染，致使鱼类受到危害。被污染的鱼，轻则带有臭味、发育畸形，重则死亡。人们误食受到污染的鱼，有毒物质便会转移至人体，在人体中逐渐积累，引起疾病。因此人们在吃鱼时一定要辨别清楚，可通过以下几个特征来识别污染鱼：

在被污染的水里抓鱼

1. 畸形。鱼体受到污染后的重要特征是畸形，只要细心观察，不难识别。污染鱼往往躯体变短变高，背鳍基部后部隆起，臀鳍起点基部突出，从臀鳍起点到背鳍基部的垂直距离增大；背鳍偏短，鳍条严密，腹鳍细长；胸鳍一般超过腹鳍基部；臀鳍基部上方的鳞片排列紧密，有不规则的错乱；鱼体侧线在体后部呈不规则的弯曲，严重畸形者，鱼体后部表现凸凹不平，臀鳍起点后方的侧线消失。另一重要特征是，污染鱼大多鳍条松脆，一碰即断，最易识别。

2. 含酚的鱼。鱼眼突出，体色蜡黄，鳞片无光泽，掰开鳃盖，可嗅到明显的煤油气味。烹调时，即使用很重的调味品盖压，仍然刺鼻难闻，尝之麻口，使人作呕。被酚所污染的鱼品，不可食用。

3. 含苯的鱼。鱼体无光泽，鱼眼突出，掀开鳃盖，有一股浓烈的"六六六"粉气味。煮熟后仍然刺鼻，尝之涩口。含苯的鱼，其毒性较含酚的更大，一定不可食用。

4. 含汞的鱼。鱼眼一般不突出。鱼体灰白，毫无光泽。肌肉紧缩，按之发硬。掀开鳃盖，嗅不到异味。经过高温加热，可使汞挥发一部分或大部，但鱼体内残留的汞毒素仍然不少，不宜食用。

5. 含磷、氯的鱼。鱼眼突出，鳞片松开，可见鱼体肿胀，掀开鳃盖，能嗅到一股辛辣气味，鳃丝满布黏液性血水，以手按之，有带血的脓液喷出，入口有麻木感觉。被磷、氯所污染的鱼品，应该忌食。

吃了被污染的鱼，人体可能慢性中毒、急性中毒，甚至诱发多种疾病，可致畸、致癌。人们垂钓、食用时一定要多加注意。

★ 野生动物要少吃

许多人对"野味"异常热衷，以食用珍禽异兽为荣，实际上这是一种愚昧不文明的表现，既带来生态平衡的破坏，又危及自身的健康。

人们往往认识不到，各种野生动物的存在，是人类过安全、幸福生活的保障。

例如，鸟类和青蛙是多种害虫的天敌。由于人民的过度捕杀，鸟类和蛙类数量锐减，导致我国森林和农田的虫害极其频繁。因此人们大量使用杀虫农药，但是这样又使人类的食物和水源受到污染。又如，蛇和猫头鹰是老鼠的天敌，由于人类热衷于吃蛇和猫头鹰，使许多地区鼠害严重，仅北京市一年中所投放的鼠药便达300吨之多，带来的污染令人担心。

除了破坏环境外，餐桌上的野生动物没有经过卫生检疫就进了灶房，染疫的野生动物对人体构成了极大的危害。据专家介绍，野生动物

在野外除死于天敌外，有相当一部
分是死于各种疾病，如鹿的结核病
患病率就不低。而且，野生动物存
在着与家禽家畜一样的寄生虫和传
染病，有些病还会与家禽家畜交叉
感染。吃野生动物对人类健康的威
胁不可小视。

野生动物是生物链中重要的一
环，不能无节制地捕杀。即使捕杀
不受国家保护的动物，也要办理相

曾经被确定为非典元凶的果子狸

应的手续，通过卫生检疫后食用。为了保护生态，也为了人类自身的健
康，不要滥吃野生动物。

★ 健康饮用水的标准

人们每天都要喝水，但什么是健康、安全的饮用水却很少有人知
道。在全球"水危机"的大背景下，如何保证持续、长久的健康、安
全饮用水来源成为各国专家探讨的重要问题。

在世界水大会上，世界卫生组织提出的"健康水"的完整科学概
念引起了广泛关注。其概念是饮用水应该满足以下几个递进性要求：
①没有污染，不含致病菌、重金属和有害化学物质。②含有人体所需的
天然矿物质和微量元素。③生命活力没有退化，呈弱碱性，活性强等。

我国的《生活饮用水卫生标准》是从保护人群身体健康和保证人

类生活质量出发，对饮用水中与人群健康的各种因素（物理、化学和生物），以法律形式作的量值规定，以及为实现量值所作的有关行为规范的规定，经国家有关部门批准，以一定形式发布的法定卫生标准。新的饮用水国家标准已于 2007 年 7 月 1 日起实施。新标准的水质检验项目由原来的 35 项增加至 107 项。生活饮用水水质标准和卫生要求必须满足三项基本要求：

1. 为防止介水传染病的发生和传播，要求生活饮用水不含病原微生物。

2. 水中所含化学物质及放射性物质不得对人体健康产生危害，要求水中的化学物质及放射性物质不引起急性和慢性中毒及潜在的远期危害（致癌、致畸、致突变作用）。

3. 水的感官性状是人们对饮用水的直观感觉，是评价水质的重要依据。生活饮用水必须确保感官良好，为人民所乐于饮用。

★ 科学饮水法

水是维持生命所必不可少的物质，水有调节身体温度，输送氧和养分，带走废弃物，协助肝、肾功能，溶解维生素和矿物质的功能。成年人要维持正常健康的新陈代谢，平均每日应补充 2 升左右的水，大约为 7～8 杯水（其中包括从饮食中补充的水分）。但是，喝水并不能等渴了再喝，也不能一次喝下很多水，喝水也需要讲究方法，那么怎么喝水才算科学呢？

首先，喝水要讲究时间和水量。每天早、中、晚都要喝上 1～2 杯水，慢慢喝、细细品，就能从中感觉到有一股微微的甘甜，而且小便清长，大便通润，神清气爽。成人最好每天喝水不少于 6 次，少年儿童每天喝水要保证在 1000 毫升左右。水温一般以 25℃～30℃为宜。

科学饮水

餐前空腹喝水，也就是每餐前约一小时，应该喝一定数量的水。因为，食物的消化是靠消化器官的消化液来完成的，餐前喝水就可以保证分泌必要的、足够的消化液来促进食欲，帮助消化吸收，同时又可以不影响组织细胞中的生理含水量。因此，饭前补充水分很重要。尤其是早餐前，因为睡了一夜，时间较长，人体损失水分较多，早上醒来，多饮些水是非常重要的。

空腹喝水宜用温开水。天热多汗时，应酌量增加喝水量；大量出汗后应补充一些极淡的盐水。这样可以迅速补充体内流失的水分。

其次，饮用水要讲究质量。中国人习惯于喝开水，即煮沸后得到的沸水。说自来水不安全，其中毕竟还有一定量的溶解氧和矿物质，而对水加热的过程中，水中的溶解氧会因升温而散失，更可怕的是，沸水中三氯甲烷的含量是自来水的 3～4 倍。所以切记水煮得时间要把握好，不要太长，也别太短，这样都不利于消除水中的三氯甲烷。有很多人觉得纯净水和矿泉水要比自来水好，于是长期饮用。纯净水虽不含杂质和有害物质，但就其营养及二次污染等方面一直以来都存有争议，纯净水并不等于健康的水。而矿泉水号称含矿物质、微量元素，但有医学专家提出，矿化到多少程度对人体有益尚无科学上的量化研究，况且矿泉水并非对任何人都有利，而且市面上假冒的产品很多难以区分。因此在饮用过程中最好能结合起来，不要长期单纯饮用某一种水。

★ 小心中了纯净水的毒

什么是纯净水呢？所谓纯净水是指其水质清纯，不含任何有害物质和细菌，如有机污染物、无机盐、任何添加剂和各类杂质，有效地避免了各类病菌入侵人体，其优点是能有效安全地给人体补充水分，具有很强的溶解度，因此与人体细胞亲合力很强，有促进新陈代谢的作用。但是这样的水就适合人类长期饮用吗？答案是否定的。

抢手的纯净水

纯净水由于"至纯"（去除了有益人体健康的微量元素和矿物质）

而失去了积极生理功能的活性，变成了功能退化的"死水"。长期饮用容易引起四肢无力、精神不振等亚健康问题，尤其对胎儿的发育和儿童的成长不利。美国一位研究水的资深博士用大量翔实的资料指出：饮用水最理想的溶解性总固体含量是 300 毫克/升，总硬度是 170 毫克/升左右，同时其 pH 值应为偏碱性，这种水对防治心脑血管疾病是颇有裨益的。很多发达国家都把饮水硬度定为不能低于 60 毫克/升。

纯净水属于弱酸性水（pH 值为 5 ~ 7），长期饮用能破坏人体正常的酸碱平衡关系，导致人体酸性化。美国医学家、诺贝尔奖获得者雷翁认为：酸性体质是百病之源。而酸性体质较易导致人体细胞癌变，导致心脑血管疾病、糖尿病、骨质疏松等疾病，癌症病人的体液 100% 呈酸性。同时，纯净水具有较强的溶解能力，大量饮用后会使体内原有的微量元素和营养物质迅速溶解于纯净水中，然后排出体外，使人体内的营养物质失去平衡，导致营养不良，免疫力下降。

因此，纯净水切不可长期饮用，更不要说长期拿纯净水做饭了。不然，真的会中了纯净水的毒。

★ 远离色泽异常艳丽的食品

走进超市，五颜六色的食品令人眼花瞭乱。但殊不知这些食品里面添加了大量色素，成为我们健康的隐形杀手。如果长期大量食用，会给我们的健康产生威胁。

色、香、味、形是构成食品感官性状的四大要素。而食品的色，是食品给食用者视觉的第一感官印象。鲜艳的颜色使人赏心悦目，刺激人们的食欲。但是专家提醒大家对于"色"的追求还是要适可而止。对颜色鲜艳，花花绿绿的点心和小食品，对冲泡后碧绿的绿茶，黄黄的菊花茶等都要当心。它们其中很可能添加了色素成分。

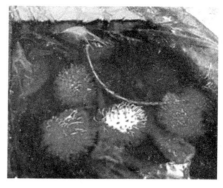

被染色的红毛丹

色素又称着色剂，是食品添加剂的一大类。据中国农业大学食品营养与工程学院副院长籍保平介绍，色素是为改善食品品质和色、香、味，以及为防腐和加工工艺的需要而添加的化学合成或者天然物质，可分为天然色素和人工合成色素。天然色素来自于植物提取物，本身没有毒性，而人工合成色素如柠檬黄、日落黄等是从煤焦油中提取的，或以芳烃类化合物为原料合成的，对人体的风险高于天然色素，但价格要比天然色素便宜很多，而且染色的效果也好，所以很多食品生产商会使用这种色素，日常食品如：果汁饮料、碳酸饮料、配制酒、糖果、糕点、果冻、果子酱、西瓜酱罐头、青梅、虾片、植物蛋白饮料及乳酸菌饮料、腌制小菜等都会含有不等量的色素。食品安全专家认为，消费者如果长期或一次性大量食用柠檬黄、日落黄等色素含量超标的食品，可能会引起过敏、腹泻等症状，对肾脏、肝脏产生一定伤害。资料还显示，如果色素等食品添加剂的合成过程把关不严，会造成砷、汞、苯酚等有害物质的含量增加，对人体的伤害更大。因此，我们在选购食品时尽量选择色泽自然，产品质量有保证的食品，尽量避免长期大量食用色泽鲜艳，味道十分香浓的食品。

★ 警惕餐具带来的污染

陶瓷餐具：陶瓷餐具颜色越鲜艳，重金属就越容易超标。据专家介绍，造成这些餐具不合格的原因是釉彩颜色太鲜艳。为了追求色彩鲜艳的效果，厂家会在釉彩里加入一些重金属添加剂。彩釉中的铅、汞、镉等都是对身体有害的元素。因此在选购餐具时尽量选釉下彩或者素色餐具，最好是有产品认证

优质瓷餐具

的餐具。在使用前用沸水把餐具煮上 5 分钟，或用食醋浸泡 2～3 分钟，以溶出餐具中含的有毒物质。

水晶制品：它是颇具威胁的铅污染源。水晶制品中的氧化铅含量高达 20%～30%，用它来盛水，一般还不至于引起铅中毒；但若用来盛酒，酒会将水晶制品中的铅溶解出来并溶于酒，酒对铅元素的溶解量与时间成正比。实验表明，用水晶容器盛酒，1 小时后，酒中的含铅量升高 1 倍。由于水晶制品做工精细，外表晶莹剔透，故有"美丽的毒品"之称。因此在使用水晶制品时要注意，以防引起铅中毒。

塑料餐具：一般的塑料制品表面有一层保护膜，层膜一旦被硬器划破，有害物质就会释放出来。因此应尽量选择没有装饰图案、无色无味、表面光洁、手感结实的塑料餐具。

不锈钢餐具：其中的微量金属元素同样会在人体中慢慢累积到一定量危害人体健康，镍是一种致癌物。不锈钢餐具上印有"13－0"、"18－0"、"18－8"三种代号，代号前面的表示含铬量，铬是使产品不生锈的材料；后面的数字代表镍含量，而镍是耐腐蚀材料。为了防止镍、铬等重金属危害人体，国家对其溶出量规定有相关的标准，所以，只要是正规产品均可放心使用。但也应该注意：不要用不锈钢餐具长时间盛放强酸食品，如鱼、肉、海产品等，以及强碱性食品，如蔬菜、瓜果、大豆等，以防铬、镍等金属元素溶出；不要用不锈钢器皿煎熬中药。由于中药中含有生物碱、有机酸等成分，特别是在加热条件下，不锈钢餐具中的矿物质元素容易与中药中的某些物质发生化学反应而导致药物失效，甚至生成含有毒素的化学物质。

铝制餐具：铝制餐具轻巧耐用，但铝在人体内积累过多，可引起智力下降，记忆力衰退，导致老年性痴呆；如用铁锅配铝铲、铝勺，则会对人体带来更大危害。因此，建议尽量不用或少用。

3. 菜篮子里也要有节约环保之道

管好你的菜篮子，管好自己那张嘴，把食物的价值发挥到最大，你也会发现，原来菜篮子里也有环保妙招。

第一，正确存储食物。

食品如何保存一直以来是每个家庭比较关心的事，也是比较头疼的问题。有些食品储存得当的话，能放很长时间，有些东西买回来还没来得及吃就坏了，或者因为受其他食物的污染而滋生细菌，吃完后造成身体不适，这些主要是由于存储不当造成的。那么，我们在存储食物时究竟应该注意哪些问题呢？

水果的保存：除去尘土及外皮污物，整理干净后用多孔塑胶袋套好，放在冰箱下层或阴凉处，趁新鲜食用，因储存愈久，营养素亦会损失愈多。水果大部分以生吃为主，去皮后应立即食用。

鱼肉类的保存：肉类洗净沥干水分，一两天内会食用的应入冰箱冷藏，非马上食用的则放在冰箱冷冻柜内，但不可储存太久。肉类冷冻前应视烹调所需，分别切丝、切块、剁碎，分装于塑胶袋内，再放冰箱内，因肉类煮前才解冻切割，不但费事且易影响品质。鱼类应除去鳞鳃内脏，冲洗干净，沥干水分，以清洁塑胶袋套好，放在冰箱冷冻层内，如果马上食用则应先放在冷藏柜即可。鱼、肉类应先洗再切，解冻应在冰箱中或用微波烤箱解冻，在室温中解冻易受细菌污染。解冻后的食品不要再冷冻储存。

蔬菜的保存：除去败叶、尘土及污物后，用多孔塑胶袋或纸袋套好，放在冰箱下层或阴凉处，趁新鲜食用。

豆、蛋、乳品类的保存：干豆类应存放在干燥、密封的容器内。豆腐、豆干类应用冷开水清洗后放入冰箱下层冷藏，并应尽快用完。蛋类，擦拭外壳污物，钝端向上放在冰箱蛋架上。鲜奶应放在5℃以下冰箱储存。

谷类的保存：放在密闭、干燥容器内置于阴凉处。勿存放太久或置于潮湿处，以免发霉产生毒素。

第二，量力而食，杜绝眼大胃小。

食物浪费是我们当今社会面临的一个严重问题，它对社会、资源、环境和人们的身心健康都会带来巨大危害，尤其对于我们这样一个人均资源紧缺的国家来说，浪费带来的问题更为严重。

据测算，每年我国浪费的食物总和大约可提供蛋白质800万吨、脂肪630万吨。这些浪费掉的食物大多是没有过保质期甚至是原封不动的，还有就是剩菜剩饭。其中90%的消费者并没有意识到自己每年究竟扔掉了多少食物。人们总是眼大胃小，买了很多，然后吃不了又扔掉。在造成食物浪费的同时也造成一定程度上金钱的浪费。而且巨大的食物浪费还增加了生活垃圾量，对生活环境造成了一定的危害。被丢弃食物带来的环境问题远大于购物袋，因为食物供应链要排放二氧化碳，而分解食物释放出的甲烷也属于温室气体。

为避免食物的浪费，人们应该仔细地制定一个家庭计划。比如，合理规定家庭的用餐量，做饭时要适当。对于剩菜剩饭，如果在最佳食用期内，最好放入冰箱冷藏，以延长食用时间，减少不必要的浪费。拟定并坚持遵循自己的购物清单，减少每次的购物量，避免因购买食物过多导致不必要的浪费。

第三，正确处理厨余垃圾。

厨余垃圾是家庭、宾馆、饭店及机关企事业等饮食单位抛弃的剩余饭菜的通称，是人们生活消费过程中产生的一种固体废弃物。厨余垃圾相对其他垃圾来说具有含水率、有机物量、油脂及含盐量高，易腐败等特点。它的处理主要是填埋为主，因此会产生浪费土地、产生恶臭气体、渗滤液等问题。而随着我国厨余垃圾量的不断增长，随之带来的环境问题也日益严重。但只要我们每个人对厨余垃圾正确处理，就会消除垃圾处理中的很多问题，在一定程度上减轻这些垃圾带来的污染及二次污染。

首先，可以对厨余垃圾进行分类收集并单独处理，这样可以减少垃圾最终的处理量和处理费用。据统计，1 吨厨余垃圾经生物处理后可产生 0.3 吨的优质肥料。那么我们应该怎么分类处理呢？把厨房剩余垃圾按分类处理好，可回收利用的，不可回收利用的分类投递。不可回收的含有油脂、盐分之米饭、面食、过期食品等食物可以用来养猪使用，不含油脂、盐分之生蔬菜、水果、果皮、蔗渣、茶叶渣、树叶、果壳等可以用来堆肥，把这两类垃圾用塑料袋封号投递。尽量减少垃圾中的汤汁，这样减轻垃圾处理的压力。

其次，使用垃圾处理器。把可以利用的植物类的厨余垃圾经过处理，可以产生有机肥料，用来给花培土是很好的肥料。

总之，只要我们做一个有心人，不要随便乱扔垃圾，做好垃圾分类处理，尽量减少垃圾量，就能给我们的生存环境减轻一份负担。

餐厨垃圾新发明

日化用品篇

日化用品是生活中的必需品，在日常生活中的消耗也是非常大的，人们从早晨起床开始到晚上睡觉，一天之中会接触很多种日化用品。牙膏、香皂、洗手液、洗面奶、洗洁精、芳香剂、洗衣液、香水、护手霜、发胶……从洗涤用品到保养用品都属于日化用品。

　　很多人可能不知道，日化用品作为化学合成产品，在使用过程中多少都会对人体和环境造成危害，这是不可避免的。而健康和环境直接影响到了人们的日常生活，这使我们不得不对此加以注意。即使如此，我们不可能不用这些产品，只要我们讲究一定的方法就可以把这种危害降低到最小。

商店里琳琅满目的日化用品

1. "洗涮涮"中的健康隐患你可知道

　　每天晨起后洗脸刷牙，吃饭后洗碗，换了衣服之后还得洗衣服。总之，洗洗涮涮的事情我们每天都得接触。既然是洗涮那肯定离不开洗涤用品。目前市场上的洗涤用品大都是化学洗涤剂。日用化学洗涤剂正在逐步地成为当今社会人们离不开的生活必需品。不管是在公共场所、豪华饭店，还是在每个家庭，我们都可以看到化学洗涤剂的踪迹。每天的广播、电视、报刊上也在大量地做着化学洗涤剂的广告。在这些被包装得多彩多姿的化学洗涤剂的使用过程中，人们正在不知不觉地依赖着它。在不能自拔地使用着化学洗涤剂的同时，化学污染便通过各种渠道危害着人类的健康。

　　人们在广泛地使用化学洗涤剂洗头发、洗碗筷、洗衣服、洗澡的同时，化学毒素就从千千万万的毛孔渗入人体，化学污染从口中渗入，从皮肤渗入，日积月累，潜伏集结。由于这种污染的危害在短时间内不可能很明显，因此，往往会被忽视。但积少成多可以造成严重的后果，导致人体的各种病变。同时，大量使用化学洗涤用品，含有洗涤剂的废水便流入江河，渗入地下，对生物和水体造成一定程度的污染。这些污染对环境造成危害的同时也对我们的健康造成了威胁，成为我们健康的隐形杀手。

2. 绿色健康也是用出来的

★ 洗涤用品的合理选择

洗涤用品的合理选择不仅关乎环境问题，更关系到人们自身的健康问题。在选择洗涤用品时要注意以下几点：

1. 要查看该商品是否有生产和毒性检验证号、卫生许可证号，以及是否注明产品使用的有效期限。

2. 了解产品的性能、用途和使用方法。选择无毒、去污力强，pH值接近皮肤酸值上限（皮肤酸值是 pH 值：4.5~6.5），对皮肤无损害、无刺激，使用方便的洗涤剂。洗涤用品要严格按照使用说明书的要求使用，以防事故的发生。

3. 少选或不选碱性洗涤剂，此类洗涤剂虽然具有较好的去污效果，但会使皮脂过多流失，造成表皮粗糙，角质层受破坏，使细菌易于侵入。如果要用，以选弱碱性者为好。

4. 要针对不同用途选择合适的洗涤用品，如厨房选择的清洁剂就兼有洗涤和消毒功能，并且为碱性的洗涤剂，当然选弱碱性。

5. 为了保护人类生存环境，尽可能选择无磷洗涤剂，以促进洗涤剂工业朝无污染方向发展。

同时，洗涤用品避免误食，减少与皮肤的直接接触，减少对呼吸道的刺激。有些卫生洗涤用品对人体健康和自然环境有潜在影响，应避免大量滥用。

★ 多用肥皂少使洗衣粉

　　洗衣粉和肥皂是我们洗涤中经常使用的两种洗涤用品。肥皂去污的主要原理是肥皂能破坏水的表面张力，当肥皂分子进入水中时，具有极性的亲水部位，会破坏水分子间的吸引力而使水的表面张力降低，使水分子平均地分配在待清洗的衣物或皮肤表面。肥皂的亲油部位，深入油污，而亲水部位溶于水中，此结合物经搅动后形成较小的油滴，其表面布满肥皂的亲水部位，而不会重新聚在一起成大油污。此过程（又称乳化）重复多次，则所有油污均会变成非常微小的油滴溶于水中，可被轻易地冲洗干净。其主要成分是含高级脂肪酸盐，此外还含有松香、水玻璃、香料、染料等填充剂。肥皂因为多由天然材料制成，对皮肤的刺激性比较小，而且肥皂污水对环境的污染比较小。

　　洗衣粉是一种碱性的合成洗涤剂，主要由表面活性剂、聚磷酸盐、4A沸石、水溶性硅酸盐、酶等助洗剂、分散剂经复配加工而成。洗衣粉所含有的成分多为低毒或无毒物质。一般皮肤接触对人体无明显的毒作用。酶添加剂可引起敏感个体的哮喘和皮肤过敏。但若长时间接触洗衣粉或者衣物上有残留，则会渗入体内对人体产生危害。

　　二者相比之下，用洗衣粉所带来的危害要比肥皂多得多。所以，洗衣服时尽量多用肥皂少用洗衣粉，这不仅是为环境保护作贡献，而且也是为自身健康着想。

★ 尽量选用无磷洗衣粉

洗衣，生活中再平淡不过的事情。用于衣物洗涤的产品中，洗衣粉一直占着主要的地位。市面上出售的洗衣粉主要有含磷洗衣粉和无磷洗衣粉两种。

含磷洗衣粉以磷酸盐为主要助剂，而磷元素易造成环境水体富营养化，从而破坏水质，污染环境。所谓富营养化是指水体中含有大量的磷、氮等植物生长所需的营养物质，造成藻类和其他浮游生物爆发性繁殖，水体中的溶解性氧量下降，水质恶化，导致鱼类和其他生物大量死亡的现象。而洗衣粉中的磷元素排到水中，增加磷的含量从而引发水污染，会对水体生态系统造成严重破坏，导致鱼类大量死亡，从而严重影响渔业生产。此外，富营养化水体由于亚硝酸盐和硝酸盐含量较高，人畜长期饮用也会中毒致病。

含磷洗衣粉中的表面活性剂即据磷酸盐有较强的脱脂作用，用洗衣粉搓洗衣服时，皮肤表面的油脂被洗掉，使皮肤的屏障作用遭到破坏，就会引起皮肤干燥、皲裂、脱皮或皮肤炎症，甚至引发脱皮、起泡、发痒、裂口，并且经久不愈。较长时间使用的话会通过

磷污染导致的水体富营养化

皮肤渗入到体内，从而影响身体健康。

所以，选用洗衣粉时应尽量选择无磷洗衣粉。

★ 洗洁精要少用

对于吃完饭的餐具，上面通常会残留很多油渍，直接用水冲非常难洗干净，所以人们会选用洗洁精来清洗。但人们在习惯了使用洗洁精之后却忽视了它给身体带来的危害。

我们大部分用的洗涤用品都是化学成分为原料的，洗洁精也不例外。洗洁精的主要成分是石油的二级衍生物——十二烷基苯磺酸钠、肪醇醚硫酸钠、泡沫剂、增溶剂、香精、色素等，烷基磺酸钠和脂肪醇醚硫酸钠都是阴离子表面活性剂，是石化产品，用以去污油渍。这种表面活性剂由石油脂肪酸生产的，一般说是不能降解或降解得很慢，又由于表面活性剂有很强的渗透力，即使它浓度很低渗透力也不减，因此不能降解或降解得很慢的表面活性剂作为有害物质就会渗透到动物、植物及人体内，长时间使用洗洁精清洗餐具、蔬菜水果，这些成分会渗透到内部。吉林电视台曾经做过一个调查，选用市场上9种洗洁精，洗过餐具后，用自来水冲洗12次，还能检测出平均0.03%的残留物。更不要说我们平时清洗根本达不到这个次数。食物和餐具表面的残存物更多，长时间使用的话肯定会对我们身体健康产生不良影响。所以，平时洗洁精还是少用为妙。

★ 避免使用杀虫剂

蟑螂、苍蝇、蚊子等都是室内常见的昆虫，人们对之也比较头疼。感觉室内密封挺严，而且经常打扫，但不知道为什么这些东西总是会冒出来。尤其是蟑螂，很难"斩尽杀绝"。为了杀死居室内的蟑螂、蚊子、苍蝇等昆虫，家庭使用的杀虫剂种类越来越多。

古代人类灭虫，多采用有毒的动植物体或矿物，较少对环境产生不利的影响。而现在我们使用的各种杀虫剂多含有镉、铅、汞、砷等重金属元素和有机氯、苯、氰化物等有毒物。比如，镉容易损害呼吸道、肺、肝、骨骼；砷伤害皮肤和呼吸道；挥发性喷雾剂多具有刺激性，含有致癌物质，损伤内脏，引发呼吸道疾病。人们通常忽略这些因素，直接将杀虫剂喷洒在地毯、床下、衣柜、厨房、厕所等地方。特别是在密闭的室内，这些污染物还会富集和残留，浓度越来越大，从而造成室内空气的污染。由于喷洒杀虫剂的地方通常比较隐蔽或者特殊，比如地毯上，床下等，这些地方的清洁卫生往往很不及时，所以会有较多的残留成分，人们通过空气长时间吸入和皮肤接触这些残余成分势必造成对身体的危害。

杀虫剂除了对身体造成伤害之外，还可以对环境造成一定污染。除去生产这些杀虫剂需要消耗的材料不说，杀虫剂在使用过程中会对室内空气造成一定污染。而且，无论是地板还是衣柜，你在对这些地方进行家庭清洁时肯定会产生污水，杀虫剂残存的有害物质就会随污水一起排出，从而造成一系列的连环污染事件。比如，水中的藻类受到这些有害物质的污染而死亡，鱼类也同样受到污染，受到污染的鱼再被放到市场出售，其实这样循环的结果最后的苦果子还得我们这些始作俑者来消化。

所以，为了我们的环境，更是为了我们自身的健康，少用杀虫剂。

★ 慎重选用化妆品

所谓化妆品，其实就是日用化学工业产品。也就是说不管是什么化妆品，它多多少少都含有化学成分，虽然有对人体有保护和美化的功能，但多少也会挥发出各种有害物质，化学成分的含量如果在可控范围内，则对人体是没有伤害或者伤害很小。但是，如果含量超标，或者含有有害物质的话，则会对健康造成威胁。因此，在选用化妆品时一定要慎重。

不要使用变质的化妆品。化妆品中含有脂肪、蛋白质等物质，时间长了容易变质或被细菌感染。化妆品应选用新鲜的，一般在3~6个月内用完，并储存在阴凉干燥处。

不要使用劣质化妆品。为防止化妆品中的有毒物质如水银及一些致癌物质的危害，应选用经卫生部批准的优质产品。

要防止过敏反应。在使用一种新的产品前，要先做皮肤试验，无发红发痒等反应时再用。一旦发现化妆品对自己皮肤有不良反应，应立即停用。

根据肤质选择合适的产品。如油性皮肤应选用水包油型的霜剂，干性皮肤应选择油包水性的脂剂，皮肤娇嫩应选用刺激性小的化妆品，小孩最好不使用化妆品！

　　当然，在具体选用化妆品的时候，还要学会辨别真伪。尽量选择一些纯植物类配方的化妆品。在使用过程中要避免各种不同功效的化妆品混合使用，以免造成皮肤不适而出现感染症状。

★ 美白产品要慎用

　　随着经济的发展和人们生活水平的提高，人们对美的追求日益热烈，而美白产品也因此大放光彩。由于现在很多爱美女性特别强调皮肤的美白效果，却忽视了美白产品带来的危害。那么美白产品中都有哪些成分呢？又有哪些危害呢？

使用美白产品后的黑白分明

　　美白产品中有最常见的化学物质汞，由于其具有较好的美白效果常被不法厂家滥用在美白产品中，消费者长期使用此类产品，汞会渗入皮肤，长时间使用会在体内聚集，严重的达到一定程度后会造成慢性中毒。而且，汞本身属于重金属，是剧毒物质。汞中毒几乎无法根治，可以想象后果的严重性。

　　因此，消费者在选购美白产品时，应清楚该化妆品是否是正规生产厂家生产，有没有正规的生产批号、安全警告、使用指南等。

★ 口红、唇膏带来的伤害

唇膏是女性化妆品中使用最多的彩妆产品，在口唇上涂一层恰到好处的唇膏能使人显得格外娇媚。然而，殊不知这种美丽背后也隐藏着危害。

唇膏主要由羊毛脂、蜡质和染料等成分组成。羊毛脂及蜡质都具有较强的吸附性，能将空气中的尘埃、病毒、细菌等有害物质吸附在口唇粘膜上，在人不经意时随食物进入体内。唇膏常用的染料大多是对人体有害的不可食用色素，专家通过实验证实，某些劣质染料还含有致癌的化学成分。由此看来唇膏实际上是一种复杂的化学物质，鲜艳色泽的背后存在着不为人们注意的隐患。

鲜艳的口红

目前市场上销售的各类品牌的唇膏都含有不同成分的有害物质，如重金属铅、汞等。虽然国家对其含量有所规定，但长期使用重金属含量符号标准的唇膏也会产生蓄积作用，对人的机体造成危害，一些人会发生过敏中毒反应，如口唇干裂、烧灼、肿胀、瘙痒、表皮剥脱、轻微疼痛等，严重的可导致癌变。更应引起人注意的是：一些地下工厂生产的劣质唇膏很可能含有大量重金属，以保持其鲜亮颜色。若经常将这些"重金属唇膏"吞进肚子里，后果更不堪设想。

因此，广大女性在使用唇膏之类的产品时，除唇膏不宜涂得过多、不要经常连续用外，还应注意学习使用知识。首先，有过敏体质的女性对唇膏应慎用。其次，唇膏最好选择有安全保证的名牌产品，并先在下唇局部试用一天，经观察无不良反应时才继续使用。绝对不要使用过期或"三无"产品的唇膏。此外，为避免吃进过多"重金属"平时进餐前应先把唇膏擦拭干净。

★ 彩妆：看得见的美丽，看不见的伤害

彩妆不同于普通的护肤用品，如果使用不当，或经常使用也会对皮肤产生危害。那么我们应该注意彩妆带来的问题呢？

粉底是遮瑕的"利器"，但也是导致毛孔堵塞的祸首之一。与其他护肤品相比，粉底配方的基质颗粒较大，比较油腻，容易导致毛孔堵塞，引起粉刺。所以在购买时，尽量选择"不致粉刺配方"的产品。另外，一些无油、控油粉底也会好些。

腮红则可能造成皮肤过敏问题。脸色不太好的人，通常都爱用点腮红，不仅可以让你随心所欲地改变脸型，改善气色，甚至可以提高气

质。不过，你可能没有想到在美化自己的同时，你已经将自己的皮肤暴露在不安全的着色剂之下了。因为色素、香料、防腐剂在腮红中的含量相当高，它们是造成皮肤过敏的主要凶手。所以在使用过程中尽量避免过量多次使用。

腮红

许多眼科专家都提出过严重警告：不要将眼线画在睫毛线以内过于靠近眼球外貌的部位。否则可能会不小心伤害到眼睛，并且画眼线的工具也可能因无意间接触到眼球外貌而造成感染，所以画眼线的时候要格外注意。

此外还有唇彩、眼影、珠光粉类的彩妆用品，其主要成分也是化学物质。在购买时除了选择比较有保证的品牌外还要对化妆品的成分做一下大致了解。警惕化妆品中的光敏感物质，因为它会让皮肤在阳光的曝晒下引起炎症。了解彩妆种合格重金属如铅、铬、钼、镉等的含量，因为经常使用这些含量超标的产品，重金属容易在体内累积，引起中毒。

彩妆以遮盖美容作用为主，护理成分太少，要想百分百地避免伤害是不可能的。所以彩妆还是尽量少用，且在晚上入睡前必须彻底卸妆，以减少对皮肤的损害。

★ 染发给你带来的伤害不容忽视

染发时下非常流行，去大街上逛一圈你会发现有很多人都染发，黑色、黄色、棕色、栗色、甚至还有红色、绿色。人们可以随心情改变头发的颜色，配合服饰和妆容，充分显示自己的个性。染发是人们对美追求的一种表现，但是在追求美的同时也不能忽略了健康。那么应该怎样科学染发呢？

法国《6000万消费者》杂志有文章说，染发剂有许多成分性质尚未完全被人们知晓，有些成分有可能对健康有害，甚至可能引起癌症。美国癌症学会研究表明，女性使用染发剂有可能患淋巴瘤。据有关资料显示，染发品抽样合格率为75%。其中发现的产品质量问题有：氧化剂超标、酸碱度偏差较大等。因此，在染发时要慎重选择染发剂，最好先做个测试。如果忽视皮试过程或染发剂使用不当，很容易引起接触性皮炎，局部可见红肿，有时会使头发失去光泽、变脆，颜色变成棕黑而易脱落。过敏体质者还会发生过敏症。

即便如此，染发剂中的化学成分在染发的过程中也会通过头皮渗入体内，长时间染发会增加这些化学成分在体内的聚集量，虽然目前还没有研究表明这些成分的危害，但还是应该引起注意，在染发后对头发进行护理，尽量减少染发次数。这不仅是对头发的一种保护还是对健康的负责。

★ 小心芳香的"杀手"——香水

在日常生活中，不少人，不管是男士还是女士都喜欢给自己喷洒香水，以为香水能够给自己增添魅力。香水厂家也在不遗余力地大做广告，使得"春天气息"、"夏季清风"、"海洋之水""柠檬香型"等各种各样的香味儿充溢我们的生活。

此外，我们的日常用品中，比如洗发水、化妆品、婴儿护肤品、空气清新剂、洗涤用品中也多有香精的成分。但很少有人会考虑香水等芬芳剂的安全性，更没有几个人会知道制造芬芳剂至少需要 5000 多种化学成分。每种香水的化学成分会多达 600 多种。在这 5000 多种化学成分中，只有不到 20% 做过毒性试验，结果都含有毒性，被不少国家列为危险品。其他未测成分是否有毒，尚未可知。如果用比较精密的仪器，可在居室中检测到芬芳剂所含 100 多种成分（芬芳剂最常用的化学成分有 150 种），其中多数成分已知有毒性。

这些芳香剂的化学成分可以通过口、鼻以及皮肤吸收进入人体。这些成分可以通过血液循环到达全身各部位。敏感人群极易引发头疼（特别是偏头痛）、打喷嚏、流眼泪、呼吸困难、头晕、喉咙痛、胸闷、活动过度（在儿童中尤为显著）等症状。需要特别指出的是，儿童比成年人更易受芬芳剂影响。遗憾的是，市场上几乎所有的婴幼儿用品都添加了芬芳剂。家长经常喷洒香水的话，尤其是劣质香水会毒化身边孩子所呼吸的空气，引起孩子注意力不集中、学习障碍、活动过度，严重的甚至会诱发惊厥、发育迟缓等危害。妇女长期使用香水，会使香水的化学成分在体内积累，哺乳期时就会通过奶水损害婴儿健康。

这些都是通过医学观察记录下的危害，但还有症状是隐性的，因不易察觉，危害更大。所以，最健康的办法就是尽可能不用香水等含有芬芳剂成分的日化用品。

3. 别让日化用品成了"绿色杀手"

　　日化用品在日常生活中占据了一个重要角色位置，洗脸、沐浴、护肤、清洁等等，生活中的方方面面都离不开它，由于大多数日化用品含有大量的化学成分，加之人们在使用过程中的不合理，对环境构成了一定影响。

　　日常洗涤用品，如洗洁精，洁厕灵、洗衣粉、沐浴露之类我们几乎每天都会用到，在使用这些产品进行洗涤的时候，产品中的化学成分随污水一起排入下水道，而其中比如洗洁精中不可分解物质，洗衣粉中的磷，化妆用品中的铅、汞等重金属会对水体环境产生一定污染，渗入地下导致地下水的污染。当这些污水排入江河湖泊之后对环境构成进一步危害，在水体环境遭受污染的同时，生活在水中的浮游生物也会受其影响。赤潮、水华、鱼类贝类的大量死亡等等，都是由于水体污染造成的。更为可怕的是，受到污染的水生生物又被放到餐桌上成为人类的美食，使人们自受其害。

服装篇

"衣食住行，人之常情"。人活着，穿衣是人们生活的首要选择。"衣"从远古穿衣蔽体、御寒到今天穿得时尚、漂亮，衣服的种类不断增多。随着天气的变化，我们的衣服也在不断的发生变化。夏天，我们穿着薄而凉快的短衫、裙子；春秋季节，我们穿风衣、毛衣；冬天穿棉袄、羽绒服。衣服在一年四季人们的生活中扮演了一个重要角色。漂亮的衣服可以提升一个人的气质，时尚的衣服可以显示出你的个性……

　　随着社会的发展，服装面料款式不断增多，人们花费在服装上的心思越来越多，商家自然也会如此，为了满足人们的需要，商家费尽心机研制生产新型衣料，但同时为了服装美观，更具卖点，往往会在生产加工过程中使用很多化学制剂，衣料的成分也越来越复杂。伴随着这些产生的便是服装给健康带来的问题。每年服装产品质量检验中心都会查出很多不合格产品，其中很重要的原因是衣料里的化学成分超标，甚至有致癌物质，对人们的健康产生极大威胁。这其中不排除一些知名品牌服装。衣物污染已经成为我们需要面对的问题。重视起来，别让自己因为穿衣而受伤害。尤其是在今天这个提倡"绿色"产品的今天，人们选购服装时也应该考虑更多的健康环保因素。

　　在服装污染给人们健康造成威胁的同时，由服装引发的环境问题也日益明显。很多人为了迎合潮流或者不合理地购置衣物，造成巨大的资源浪费，衣物堆积无法处理；人们的过量消费刺激了生产厂商的大批量生产，各种原料的开采使用，生产污水废物的排放，都对环境造成了恶劣影响。

　　因此，健康穿衣，环保穿衣，是每个人都应该注意的，也是每个人应该去做的。

1. 环保也是可以穿出来的

提到"穿衣有道"，可能很多人会认为是探讨如何把衣服穿得漂亮、时尚而且又能突显出自己的个性。但是我们现在还要考虑到，我们的穿衣是否环保这个问题。我们在选择服装的同时，也反映出我们对自身生活习惯而引起的环境问题的重视程度。仅从我们所穿的衣物来看，与环保这一全球人类的共同主题也有着紧密联系。衣服也可以穿出环保来。

服装浪费已经成为这个时代人们穿衣方面最为严重的问题。在时尚浪潮的冲击下，在无数商家精力包装出来的时尚生活方式以及概念下，人们的消费方式已经无从谈起理性。频繁购置衣物成为时尚一族的必要活动。而同时在追逐时尚、推崇方便的当代社会，又兴起了一股售价低廉、频繁淘汰的"快餐式服装"。于是，很多人在购买衣服的时候认为便宜，常有一种"穿一阵，扔掉也不会可惜"的心理。他们所购买的廉价服装就被称为"快餐式服装"。这些服装淘汰起来似乎不那么令人"心疼"，方便买家紧跟新款，尤其博得追逐潮流的青少年青睐。

英科学家设计的遇水可溶解的服装

曾经有记者在 35 岁以下的年轻人中做了一个调查：是否盲目采购过衣服和是否了解衣服上过度的消费一样造成环境压力时，被访的人中有八成以上人承认自己常买些并不适合的服装，而九成人对穿衣与环保并未建立起有机联系。

　　服装方面的过度消费，以及给环境带来的压力，已经是个世界问题。在香港，香港"地球之友"推动"旧衣回收"活动多年，却发现在回收的旧衣中，平均有 5%～10% 的旧衣，上面还挂着价钱或牌子名称的"吊牌"。意味着这些衣服从未穿过就给丢弃。该会以香港在 2003 年共回收近 2290 万件旧衣物来推算，其中可能多达 115 万～229 万件是新衣服。而在大陆，也同样存在这样的现象。但是大陆却没有相关的那种机制，因此，服装方面的过度浪费给环境造成的压力更大。据报道，全球消费者每年在服装和纺织品上的开销超过 1 万亿美元。在许多地

服装批发市场内的火爆场景

方，一件衣服穿几代人的事情已经成为历史。尽管许多人已经对瓶瓶罐罐和纸张的循环使用习以为常，但对旧衣服却通常一扔了之。据统计，英国人每年人均丢弃的衣服和其他纺织品重量为 30 千克，只有 1/8 的旧衣服被送到慈善机构重复使用。发达国家的现状，让中国人看到了自己的未来。

面对服装店浪费，我们也可以仿效英国人那样发起了"戒买"行动，倡导购买成衣上瘾的人们停止购买任何衣物一年。认真打理现有的衣物，做到"衣尽其用"。你可以发现一年下来，绝大多数人不但省掉了一笔不菲的花费，而且也一样能从已有的服装中找到美感和自信。据科技部统计显示，全国每年有 2500 万人每人少买一件不必要的衣服，可节能约 6.25 万吨标准煤，相应减排二氧化碳 16 万吨。那么如果，你坚持下来一年的行动，你会发现你也是个了不起的环保主义者。

在服装的材质选择方面，也跟环境有很大关系。是否是以伤害动物为前提而得来的皮草，是否用有机材料制成，是否可以循环利用、二次再生？当你购买衣物如果是把自己的思考分给环境保护一部分，可能你会做出一些不一样的选择。当然，在健康的前提下，你可以尽量选择一些环保织物，绿色服装，如有机棉、玉米纤维、竹纤维、纳米服装等材料制成的服装。

2. 小心衣物里看不见的
污染伤害你

★ 当心服装污染

衣服怎么会有污染呢？很多人看到这个问题时不禁会产生疑问。服装污染往往是人们容易忽视的一个问题，那么服装是怎么会被污染呢？

为了满足人们对服装的更高要求，服装制造商在服装加工制作过程中，往往会使用一些化学添加剂。如为防止缩水，采用甲醛树脂处理；为使衣服增白而使用荧光增白剂；为使衣服笔挺而做了上浆处理等。这些化学物质在穿衣服时沾到皮肤上多多少少对皮肤都有些损害，其中对人体健康损害最大的就是印染服装所使用的染料，尤其是色彩鲜艳的服装，可能会大量使用偶氮染料。这种染料除了因为价格低，色种齐全，着色力强，颜色鲜亮、持久，色牢度高而很受欢迎。有关专家介绍，偶氮染料又叫可分解芳香胺染料，即由可致癌芳香胺合成的染料，这种染料在人的身体上驻留的时间很长，就像一张张贴在人皮肤上的膏药，通过汗液和体温的作用引起病变。另外，这些染料里的重金属成分更会给自然界造成污染，尤其是对空气和水质的影响非常大。

服装中除了染料会含有有毒物质外，有些运动服会使用一种叫做磷酸三丁酯的有毒物质。这是一种重金属化合物，用于生产防止海洋生物附着船体的油漆，因为这种物质可杀灭细菌并消除汗臭味，从而成为运动衣的一种理想的添加剂。但是，这种物质如果渗入体内，积累到一定程度后，就会引起神经系统疾病，破坏人体免疫系统，严重情况下会危及肝脏。

虽然就每件衣服而言，这些有害物质对人体健康的损害程度是很微小的，但天天接触，天长地久造成的影响就不能不令人担心了。

所以，在购买服装产品时不能以貌取衣，也要考虑服装所使用的布料。日常着装最好是选择天然纤维织成的布料，并且是采用天然染料染色的，不要穿会褪色的衣服，尽量选择浅色衣服。

★ 干洗的衣服别急着穿

随着生活水平的提高，人们的服装质量也在不断提升，服装的洗涤要求也变得越来越讲究。干洗已经成为一种流行风，进干洗店洗衣服的人越来越多。然而，许多人从干洗店取出衣服后急于穿在身上，却不知道这种做法是非常错误的。

人们通常会发现刚取出来的衣服会有一种特殊的气味。这种特殊气味是来自于干洗剂中的甲醛和四氯乙烯，这两种化学物质对人体都有一定的毒害作用。衣物在干洗时，干洗剂中的甲醛、四氯乙烯往往会被衣物纤维吸附，而后逐渐释放出来。甲醛刺激呼吸道，可引起鼻、咽喉烧灼感及咳嗽、呼吸短促甚至呼吸困难，出现眼睛发红、疼痛、视力模糊甚至视力下降的症状。皮肤跟残存有甲醛的衣服接触后可引起发干、发

干洗店的一角

红、刺激感。四氯乙烯主要损害中枢神经系统，可导致头痛、头晕和疲劳，若长期或反复接触可引起慢性头痛、精力不集中及肝功能损伤。若患有过敏性鼻炎、过敏性哮喘、喘息性支气管炎及肝病的人，接触这种气味后，会引起疾病的发作。孕育期的妇女及婴儿更不宜接触这类气体。

可能有些人从干洗店取回衣物后没有马上穿，而是放入衣柜中挂起来，让这种气味散发一下再穿。这种做法也是不妥的。由于衣柜中的空气不流通，干洗的衣物释放出的气味会污染其他衣物。干洗的衣物取回来后，应该挂在阳台等通风处，让衣服中的气味自然散发掉。大约1个星期，当闻不到那种特殊气味时，说明衣服中的有毒化学物质已降到最低度，这时再挂入衣柜或穿在身上就比较安全了。

★ 新衣服洗了再穿

人们逛街买回来新衣服都比较兴奋，拿着新衣服试来试去，舍不得脱，只要检查一下没有尘土、油污之类的脏东西就直接穿上了。这是一个非常错误的行为。

新衣服买回家，切莫急于上身。尤其是买回来的直接贴身穿的衣服。有研究表明，纺织衣服的染料里有 12 种致癌物质，10 种会引起皮肤过敏。据专家介绍，衣服的生产环节非常繁琐，比如原材料中的棉、麻，在种植过程中会使用杀虫剂、化肥等预防害虫和植物病毒，农药和各种化学残留物就会留在棉花、麻纤维当中。而在储存这些原材料时，要用五氯苯酚等防腐剂、防霉剂，又增加了有害的残留物。在衣料的生产过程中，还要使用氧化剂、催化剂、阻燃剂、去污剂、增白荧光剂等化学物质。所以刚生产出来的新衣服往往含有大量的化学物质，存在于新衣中的荧光粉、福尔马林、游离甲醛等有害物质会引起皮肤过敏、眼睛不适，咳嗽、呼吸不畅、没食欲、情绪烦躁等问题，严重的甚至会引发癌症。特别是在一些小商贩那里买的衣服，大多都没有经过严格的监控，可能存在的有害物质比较多。品牌的服装在消毒方面会采取一定的消毒措施，但也不能保证不含有害物。

千万不要以为新买的衣服是新的，不洗就直接穿，无论是什么材质的衣服，上面的细菌和有害物质都不少，这都是肉眼看不到的。所以买来的新衣服最好及时打开包装晾晒 1～2 天，或用水浸泡，加洗涤剂清洗后再穿。尤其贴身内衣、衬衫、秋裤等，最好多洗几次，最大限度地减少生产过程中的有害物质的残留。

★ 长时间存放的衣物别着急穿

一年四季，随着天气的变化我们的衣物也不断地进行更换，不穿的衣服自然就会洗干净收起来，放到柜子最里面，等到来年再拿出来直接就穿。这样做也是不妥的。

长时间存放的衣服要晒后再穿

其实，衣物即使在洗干净了之后保存起来的，在长时间的存放中可能受到了各种污染，这也是大多数人所忽视的。造成衣物污染的主要原因有这些：

存放衣物的家具，尤其是新家具，因为家具制造过程中会使用含有甲醛的黏合剂，所以往往会有甲醛的残存，而长时间存放的衣物暴露在衣柜的封闭空间中，势必会受到甲醛的污染。这种污染往往是新买来的衣服的几倍，甚至更高。因此在穿之前最好挂在通风处经过晾晒，使甲醛完全挥发。

其次是受到放入衣柜的樟脑球或者香薰类物品的污染。市场出售的樟脑球含有萘及萘酚衍。有一种因遗传缺陷造成的溶血性贫血患者，平时无任何症状，接触到萘酚类物质，就会发生急性溶血性贫血，重者会发生黄疸，特别多见于新生儿。此外，化纤织物和丝绸织物能和樟脑球发生化学反应，使纤维膨胀，织物溶化，产生漂白。香薰类物品尽量选择比较好的天然香薰材料，市场上出售的很多香薰类商品大多是化学类的香精添加剂，个别的气味闻起来虽然好闻但却对身体有害。再经过长时间的存放之后难免会跟其中一些衣物发生反应。

再次，螨虫污染也是一种常常被人们忽略了的现象。据专家介绍，3 个月不洗的被子里将会滋生 600 万个螨虫，阴雨潮湿的天气更容易让被子和衣物产生大量螨虫，使人们的皮肤出现红丘疹、斑丘疹、小节结及囊肿等症状，而螨虫引起的细菌性继发感染，可发生毛囊炎、脓疱或炎性囊肿等病变。长时间存放的衣物，尤其是夏天长时间存放的衣物，会滋生大量的螨虫，如果拿出来直接穿势必会对自身健康带来危害。

因此，对于长时间存放的衣物，在穿之前一定要经过晾晒或者洗涤，确保衣物上的有害物质的清除。

★ **贴身内衣要慎选**

内衣有"人体第二肌肤"之称，与人体皮肤直接接触，它直接关乎人体健康甚至威胁生命。内衣是人们每天必须的穿着，在人的生命中所扮演的重要角色不容忽视。主要包括文胸、内裤、紧身衣、紧身裤、睡衣、浴衣等。在选择内衣时除了要保证舒适美观外还应注意以下两个方面。

质地选择方面：选择内衣最好是天然纤维制品，其中以棉制品较为合适，它的吸湿性和保暖性良好，价格也适中。合成纤维的制品如锦纶内裤吸湿性差，不利于人体汗液的吸收和散发，难以调节皮肤和内衣之间的微气候环境，因此贴身穿着往往有闷热感觉。值得注意的是合成纤维内衣会引起皮肤损伤。因为上面残留的化学物质——乙内酰胺，它可引起皮肤干燥、粗糙、增厚，甚至发生皲裂、皮炎等。另外它对皮肤有抗原性，从而可能引起过敏反应。

颜色选择方面：色彩是选购内衣时一个不可忽视的因素。内衣的颜色随各人的喜爱选择，但有些染料含致癌物质，这些有害物质与人体接触之后通过汗液能为人体皮肤吸收。深色的内衣上染料多，如果染料的牢度不好，皮肤就吸收得更多，危害也就越大。皮肤病专家也认为，有些皮肤疾病很可能是由于染料脱落或中间体等杂质引起的，因此选择内衣最好是本色或浅色的，尽可能不要买深红色、紫红色、藏青色、咖啡色、墨绿色或者黑色。如果你对这些颜色特别偏爱，就一定要勤洗勤换。当然这并不是说白色的内衣就很安全。白色内衣制品往往加了一种荧光加白剂。据近年来研究，有的荧光加白剂也是一种致癌物，而且随着洗涤排放污染水源。

此外，女性在选择胸衣的时候要特别注意舒适度，要尽量减少穿戴有钢圈的胸衣和塑身内衣的时间。

★ 冷静看待保暖内衣

保暖内衣在冬天是人们选购的一大热点，目前市场上的保暖内衣种类繁多，且通常会标明不同的功效。很多消费者往往在商家打出的标语诱导下购买，往往忽视了保暖内衣的健康标准。时下流行的远红外线内衣、抗菌内衣及宣称使用纳米技术、生态纺织品材料生产的各类保暖内衣各有特点，消费者在选购时应注意根据自身条件慎重选择。

红外线内衣是时下比较流行的，保暖内衣经过远红外线处理之后，远红外线发射率提高，产生的远红外线相应增多，从而达到保暖的作用。市场上不少远红外保暖内衣，是用各种氧化物（如氧化钙、镁、铁等），按不同配方制成陶瓷纤维织进内衣里。但陶瓷纤维产生远红外辐射所需的温度一般在40℃以上。也就是说，穿上加入陶瓷纤维的内衣，即使等到人快被高热"烧"死了，也难产生远红外线。相同条件下，陶瓷纤维产生的远红外辐射甚至还不如普通涤纶。如果选材不当，还可能将放射性物质带到衣服里，对人体造成危害。

抗菌保暖内衣的抗菌机理，在多次洗涤后是否仍具有抗菌作用尚不明确。据了解，人体皮肤表面的细菌分为常住菌和条件致病菌，如果这些抗菌内衣能够杀死金葡萄球菌、大肠杆菌等，正常的常住菌也将被杀死，这样一来非但不会对人体有益，反而可能损害人体健康。

采用复合夹层材料制成的保暖内衣，通过阻挡皮肤与外界热交换而御寒。但这种内衣透气性差，出汗后，汗液中的尿素、盐类等都会附着在体表，不及时清除会引起皮肤瘙痒，造成接触性皮炎、湿疹等疾病。

同时，冷却的汗水易使人受凉感冒。专家提醒，以往有过皮炎、湿疹等皮肤疾患或皮肤易过敏者，对于保暖内衣更应慎用。

同时，商家在出售保暖内衣的时候通常会标出"暖卡""魔卡""热力卡""远红外"等"高科技"新名词，看了令人摸不着头脑。所谓的"高科技"并没有那么玄乎，保暖内衣的材料无外乎天然纤维、合成纤维和人造纤维三大类，那些"卡"不过是厂家给面料起的概念别名而已。如"暖卡""热力卡"实际上就是腈纶，"魔卡"是具有弹性的氨纶，"塞维卡"是聚酯，"莱卡"是人造弹性纤维"氨纶"注册的产品商标名称。消费者购买内衣时不要被商家打出的高科技噱头所误导，而要注意选择一些面料舒适、弹性较好的保暖内衣，注意观察产品的吊牌是否有成分含量、厂名、厂址等，尽量选择正规厂家生产的产品，避免为商家炒作的新概念买单。

★ 什么样的衣料更环保

人们在选择服装时，除了考虑经济、实惠、美观、大方外还应把对健康的影响摆在一个重要位置上。衣料对人的生理机能，如对体液、酸碱值、电解质等都有影响，如果衣料选择不当可以导致代谢功能紊乱等各种疾病。因此衣料的选择成为服装选择的一个重要环节。随着生态纺织品与绿色织物等概念进入国内外贸易领域及人们的视野中，人们对纺织品的需求也由传统的实用、耐用转向健康性、安全性、舒适性。

目前市场上服装的原料主要有：天然纤维、人造纤维、合成纤维等几种。其中天然纤维、人造纤维相对于合成纤维来说对人体是比较健康的。天然纤维是自然界生长在动物或植物上的纤维，通常具有较好的舒适性，与人体相容，有益健康身体，但是耐磨性差，容易褪色、缩水。这类纤维主要有棉、毛、丝等。由于这几种纤维产量有限，价格相对来说比较高，并不适合大众穿衣。人们便开始寻找能取代这些的更加环保的天然纤维，例如大麻纤维。虽然天然大麻纤维比较粗硬，以前只用来做绳子、粗布等，但是大麻纤维经过新技术的处理可以变

T台上模特展示的环保衣料

得既柔软又牢固，能用来做布料。大麻纤维的强度是棉花纤维的 4 倍，抗磨损能力是棉花纤维的 2 倍，并在抗霉变、抗污垢、抗皱等方面都有优势。与种植棉花相比，种植大麻需要的水灌溉、杀虫剂等农药都少得多，因此不仅更便宜，而且更环保。

　　人造纤维也是比较环保健康的一种纤维。如人造丝是用木浆生产的，使用的是可再生的树木，和棉花相比，树木的种植需要的水灌溉和农药都较少。与真丝相比价格要便宜得多。用玉米淀粉生产的聚乳酸纤维和用石油生产的化纤相比，能减少化石燃料的使用 20%～50%。聚乳酸纤维的折射率较低，因此不需要用大量的染料也能获得深色。此外，还有新型纤维大豆蛋白纤维、新型的纤维素纤维竹纤维不仅吸放湿

速度快、透气性好，而且具有抗菌、抑菌性能。

这些都是绿色环保产品，符合人体健康的要求，也是我们在选择衣料的首选。

★ 天然织物有益健康

服装面料，可根据纤维来源分为两类：一是天然纤维面料，如纯棉、麻、真丝等；二是化学纤维面料，如尼龙、涤纶、醋酸纤维、粘胶纤维等。因为后者在加工过程中添加了苯、甲醛、芳香剂、增白剂等化学物质，多少会通过皮肤进入人体损害健康。而天然纤维则主要是动植物的提取物，对人体几乎不存在化学危害。

首先，棉织物，纯棉织物具有良好的吸湿性、透气性，穿着柔软舒适，保暖性好，服用性能优良，因此是最为理想的内衣料，也是价廉物美的大众化衣料。

其次，麻织物，主要是苎麻、亚麻两种用于服装。麻织物有纯纺和混纺产品之分。混纺后麻织

天然织物原料

物的服用性能进一步改善，其强度比棉织物大，不易发霉，布面光洁平整，富有弹性，透气性好，吸湿散热快，出汗不沾身，是夏季理想衣料。

再次，毛织物，毛织物属中档衣料，主要原料为羊毛。主要特点：

坚牢耐磨。羊毛纤维表面有一层鳞片保护着，使织物具有较好的耐磨性能，如使用保养得好，织物的使用寿命比棉织物要高好几倍，也比丝绸织物耐穿。质轻保暖性好。羊毛是热的不良导体，所以呢绒织物的保暖性好、弹性、抗皱性能好、吸湿性强，穿着舒适。

最后是丝织品，丝绸织物是衣料中的高档品种，原料是天然蚕丝，又被称为"纤维皇后"。其主要特点是：柔软滑爽，高雅华丽。蚕丝具有良好的天然光泽，显得豪华富丽。而且它的吸湿性、耐热性良好。能吸收人体内排出的湿气，穿着感到凉爽舒适。真丝，属于蛋白质纤维，丝素中含有 18 种对人体有益的氨基酸，可以帮助皮肤维持表面脂膜的新陈代谢，故可以使皮肤保持滋润、光滑。真丝绸还可以保护人的皮肤免受太阳紫外线的伤害。但是耐光性、耐碱性差。所以要尽量避免暴晒，同时洗涤丝绸要选择中性洗涤剂。

3. 科学穿衣，你也可以为
环保作贡献

　　每年换季的时候，人们会发现衣服不够穿，衣橱里总是少件衣服。于是又开始购置衣服，而以前的衣服因为不喜欢或已经过时了，就被压在下面。慢慢衣服越积越多，到最后开始为怎么处理旧衣服而烦恼，留着占地方，扔了又可惜，送亲戚朋友又送不出手。这确实是个令人头疼的问题。

　　人们都喜欢赶潮流，穿新衣服。社会发展速度加快的同时，我们的衣服更新得也越来越快。以前的衣服确实过时了吗？其实没有，而是人们的心理在作祟。大量无节制地购买衣服，不仅给自己造成了负担，而且也造成了资源的浪费。据统计，在人们丢弃的衣物中有将近过半的还是七八成新的，有的甚至没穿过就直接丢弃了。每年被人们丢弃的废旧衣物，因为没有得到合理的处理而造成了资源的浪费和环境的污染。

　　大多数人在面对衣橱里的废旧衣物时，主要采取丢弃的方式。其实废旧衣物的利用价值还是很高的，只是人们往往忽略了。除了作为垃圾处理掉，还可以通过很多方法来利用它，如捐赠衣物。我们也许没有很高的收入，我们也许没有多余的存款，我们也许捐不起一座希望小学，我们也许无法亲自支援灾区，但是我们完全可以把这些旧衣物捐给需要它的人们。改造旧衣物也是对其合理利用的一个不错的办法。你可以用就旧衣物做一个靠枕、坐垫，只要你发挥想象就能利用旧衣物做出精美的布艺。

　　每个月你只要少买一件衣服，你就为社会节约了资源，你少扔掉一件衣服，你就为环保做了一份贡献。只要科学穿衣，节能环保就在举手之劳。

花草篇

花，历来为人们视为吉祥、幸福、繁荣、团结和友谊的象征。我国人民自古以来就有赏花、养花的习惯，并视之为一种修身养性的高雅情操。一个城市不能没有树木花草，或缺少树木花草，它就会缺少鸟语花香的境界，缺少春、夏、秋、冬四时季相的变化，也就缺乏生机；一个家庭如果没有花草，就会缺少生命的动力，生活的氛围。

被视为花王的牡丹

室内摆放红花绿叶使居室富有生趣和雅致，使空气清新自然，给人春天般的感受。但是养花也有学问在里面，比如什么花卉适合室内种植，什么种类不适合，什么样的花卉可以吸收有害气体，什么花卉会放出对人体有害的气体，花卉应该摆放在什么位置等等，这些都需要注意。养花有时不仅是为了美观，更重要的是给人带来健康的生活环境。在室内种植适合的植物，会起到点缀环境和净化空气的作用；但如果选择不当，反而会造成室内污染。

家庭装修污染、空气质量差等问题也是可以通过种植花草可以改善的，如石榴、石竹、月季、蔷薇、雏菊、一叶

家居绿色植物

兰、莎草等。但选择这些绿色植物时要根据它们各自不同的功能合理搭配。同时对于一些美观但有毒的植物，如滴水观音、五色梅等要慎重选择。如果家里有孕妇、老人、小孩或者病患时选择植物也要有所注意，有些植物对这些人群会造成一定伤害。比如松柏类的植物，它所产生的松油气味，对一些老年支气管炎和哮喘病人有一定的刺激；报春叶片的毛也会造成有些人的过敏；虚刺梅的刺，碰到皮肤上使人感到发痒。所以，在选择家居绿色植物时要注意综合考虑各种因素，选择适合自己的绿色植物。

此外，种植花草除了需要必备一些基本的花卉知识外，还应该注意在种植过程中要注意与周围环境的协调关系，防止由于不谨慎而产生的环境问题。

花花草草以它绚丽的风采，给人以美的享受。丰富和调剂人们的文化生活，增添乐趣，陶冶性情，增进健康。同时增加科学知识，提高文化艺术素养，同时也给人带来一个舒适优美的绿色生活环境。

1. 绿色植物真的"绿"吗

　　绿色植物能调剂人们的精神生活，使人轻松愉快，消除疲劳，增进身心健康，还能锻炼意志和提高科学文化素养。闲暇之余养养花，弄弄草，也不失为一种乐趣。一枝艳丽芳香的玫瑰摆在窗前，顿时给人以生机盎然和美的感受；一丛苍郁葱茏的文竹放在案头，立即呈现一派清雅文静的气氛；一盆芳香浓郁的兰花摆在室内，芬芳四溢，令人心旷神怡……

花香四溢的茉莉

　　但是别看小小的花草，养起来也需要学问。千万不要以为只要是绿色植物就有益健康，别让植物的"绿色"遮盖了你的眼睛。因为有些植物是适合在室内种植，有些则不适合室内种植；有些植物可以吸收室内污染空气，有些植物则可以给室内环境造成污染；有些植物看起来漂亮，实际属于危险有毒植物……关于这些你又知道多少呢？所以，室内植物的种植需要根据实际情况谨慎选择。

2. 室内养花也有大学问

★ 室内摆放植物的几大好处

选择几种合适的绿色植物在你的窗台、阳台、案头、床头等地方摆放，你会发现你的居室一下子变得亮丽起来。它们美丽的形态、鲜嫩的颜色和勃勃的生机给你的生活添上一抹亮色。那么室内摆放植物有哪些好处呢？

第一，赏心悦目，陶冶情操。

研究表明，绿色在视野中如果占据25%，就能有效缓解眼睛的疲劳症状。所以室内摆放绿色植物不仅起到了居室装饰的功能，还创造良好的室内环境，令人赏心悦目、满足了人们的心理要求的同时，还可以使人紧绷的神经得到放松。

第二，调适情绪。

家庭种植的植物大多以花卉为主。这些植物，尤其是芳香类植物

居室植物的摆放

释放出来的挥发性物质，对人的情绪有很好的调节作用，有些花卉散发出来的香味能改变人们无精打采的状态，振奋精神，而还有一些则有镇静助眠的作用。

第三，释放氧气。

大多数植物都是在白天进行光合作用，吸收二氧化碳，并释放出氧气，在夜间则进行呼吸作用，吸收氧气，释放二氧化碳。但也有一些如仙人掌科的植物却恰恰相反，白天为避免水分丧失，会关闭气孔，白天光合作用所产生的氧气在夜间气孔打开后才放出，使室内空气中的负离子浓度增加，所以像这种植物可以放置在卧室。既然仙人掌科的植物跟其他白天释放氧气的植物有这种"互补"功能，那么将两类植物同养一室，就可以平衡室内氧气和二氧化碳的含量，保持室内空气清新。

第四，调节空气湿度

植物在生长过程中，不仅根部会吸收水分，它也会利用叶片吸收空气中的水分。当室内空气中的水分被植物吸收后，经过叶片的蒸腾作用向空气中散发，便起到调节空气湿度的作用。在干燥的北方和使用空调的密闭房间里，这个功能显得尤为重要。而且你可以明显感觉到室内有绿色植物和没有绿色植物的差别。

第五，吸毒杀菌，净化空气。

随着生活水平的提高，居室装修是必不可少的，而那些装修材料中或多或少都含有有毒物质。有些花卉抗毒能力强，能吸收空气中某些有毒气体，如二氧化硫、氮氧化物、甲醛、氯化氢等。有些观叶植物，还有吸附放射性物质的功效。有些花卉散发的挥发油，具有显著的杀菌功能，能使室内空气清洁卫生。

★ 可感知有毒空气的花草

有些植物在生长过程中对环境的变化相当敏感，尤其是对空气的要求比较高，下面就介绍几种能够感知空气中有毒成分的花草。

受到污染后的叶片

梅花，别称：梅花、春梅、干枝梅、红梅。监测功用：甲醛、苯、氟化氢、二氧化硫。监测花语：对污染空气的指示表现为叶片失绿，叶片边缘开始枯萎甚至脱落。光照：喜阳光充足，光照不足会造成树势衰弱，开花稀少。

杜鹃，别称：映山红、野山红。监测功用：二氧化硫、一氧化氮、二氧化氮。监测花语：对污染空气的指示表现为叶片上出现斑纹，叶片边缘开始枯萎。

牡丹，别称：花王、洛阳花、富贵花。监测功用：臭氧、二氧化硫、光烟雾。监测花语：当空气中臭氧含量超过1%，牡丹的叶片上会出现斑点，随着污染程度的加重，叶片呈现淡黄色，亦褐色、灰白色等。

四季秋海棠，别称：瓜子海棠。监测功用：臭氧、氯化物、二氧化氮、二氧化碳。监测花语：四季秋海棠遭遇有毒气体时，叶片会出现斑点，能吸收二氧化氮气体。

矮牵牛，别称：碧冬茄监。监测功用：臭氧、二氧化氮。监测花语：矮牵牛遇到有毒气体时，叶片会出现斑点，叶缘枯黄。

虞美人，别称：丽春花、小种罂粟花、赛牡丹、蝴蝶满园春。监测功用：硫化氢。监测花语：虞美人对硫化氢气体极其敏感，当室内硫化氢浓度达到一定值后，叶片上会出枯黄斑点，叶缘也逐渐变黄。需要注意的是虞美人全株有毒，避免误食。

香石竹，别称：康乃馨、麝香石竹。监测功用：臭氧、乙烯。监测花语：香石竹对臭氧和乙烯非常敏感，长期在有毒气体超标的环境下，表现为茎秆细弱、叶片发黄。

如果你的家中有此类植物出现以上现象，那么你就要警惕室内空气的污染了，并需要采取相应的措施来消除污染。

★ 可消除装修污染的花草

随着人们生活水平的提高，对家庭居住环境的要求也越来越高，家庭装修越来越豪华舒适，但是人们却对装修后室内空气污染大为苦恼。据 2005 年 3 月 11 日中国室内装饰协会公布的调查数据显示，室内环境污染监测工作委员会对上千户新装修家庭的空气检测中，有 60% 以上的室内甲醛、苯、三氯乙烯等有害气体严重超标。长期吸入这些有害物质，会对身体造成很大伤害。

家庭装修后要充分地通风、除味，这早已是装修后人们的共识。但有关专家提出，在通风、除味后，最好在家中摆放一些绿色植物，以便起到长期"空气净化器"的作用装修后，可在居室内摆放一些抗污染的花草，也能起到"空气净化器"的作用。用绿色植物布置装饰室内环境，建设"绿色家庭"，是消除室内化学污染，提高居室环境质量，建立室内和谐秩序与舒适度的有效途径。那么究竟哪几种绿色植物能够起到这样的作用呢？

可以对付甲醛的绿色植物：芦荟、吊兰。据测试，在 24 小时照明的条件下，芦荟消灭了 1 立方米空气中所含的 90% 的甲醛；吊兰能吞食 86% 的甲醛。尤其是新装修的家庭，可以在室内各个房间放置几盆芦荟或吊兰，这样可以大大减轻空气中甲醛的污染。

豆瓣绿吊兰

可以吸收苯的绿色植物：常青藤、波斯顿蕨、散尾葵。常春藤能让空气中 90% 的苯消失。成天与油漆、涂料打交道者，应该在工作场所放至少一盆蕨类植物，因为它可以吸收其中的苯类物质。另外，它还可以抑制电脑显示器和打印机中释放的二甲苯和甲苯。散尾葵每天可以蒸发一升水，是最好的天然"增湿器"。此外，它绿色的棕榈叶对二甲苯有十分有效的净化作用。

此外，雏菊、万年青、四季秋海棠等可以有效消除室内的三氯乙烯污染。月季是蔷薇科蔷薇属木本花卉。据试验，它对二氧化硫、硫化氢、氟化氢、苯、苯酚、乙醚等对人体有害气体具有很强的吸收能力，对二氧化硫、硫化氢、氯气、二氧化氮也具有相当的抵抗能力，也是抗空气污染的理想花卉。杜鹃、紫薇、栀子花等都能起到净化空气的作用。

★ 净化空气的几种最佳植物

绿色植物能吸收有毒气体，释放氧气，是天然的"制氧机"，对居室的污染空气具有很好的净化作用。根据权威机构的测试显示，有很多绿色植物都能有效地吸收空气中的化学物质，并将它们转化为自己的养料。在居室中，如果每 10 平方米摆放一两盆花草的话，那么基本上就可达到清除污染的效果。

在所有的花草中，至少有 60 种可以减少污染、净化空气的家养花草，这些能够清除环境污染的花草，都是市民平时买得到、买得起、易种植的普通植物，如芦荟、吊兰、景天、黛粉叶、文竹、万年青、龟背竹、仙人掌、雏菊、月季、蔷薇、棕竹、虎尾兰、橡皮树等。具体如下。

能吸收有毒化学物质的植物：

芦荟、吊兰、虎尾兰、一叶兰、龟背竹是天然的清道夫，可以清除空气中的有害物质，尤其是吸收甲醛的能力超强。虎尾兰和吊兰可以吸收室内 80% 以上的有害气体。常青藤、铁树、菊花、金橘、石榴、半支莲、月季花、山茶、米兰、雏菊、腊梅、万寿菊等能效地清除二氧化硫、氯、乙

芦荟

醚、乙烯、一氧化碳、过氧化氮等有害物。兰花、桂花、腊梅、花叶芋、红背桂等则是天然的除尘器，其纤毛能截留并吸纳空气中的飘浮微粒及烟尘。

能杀病菌的植物：

玫瑰、桂花、紫罗兰、茉莉、柠檬、蔷薇、石竹、铃兰、紫薇等芳香花卉产生的挥发性油类具有显著的杀菌作用。紫薇、茉莉、柠檬等植物，5分钟就可以杀死白喉菌和痢疾菌等原生菌。蔷薇、石竹、铃兰、紫罗兰、玫瑰、桂花等植物散发的香味对结核杆菌、肺炎球菌、葡萄球菌的生长繁殖具有明显的抑制作用。

在选择室内植物时，可以根据具体需要而定。

★ 可以降低噪音污染的植物

上海市曾做过这样一个试验：上海市区选取23个有代表性的城市植物群落进行减噪效益的测定。结果表明，植物群落对噪声的减弱效果和群落的结构组成有关。针叶树林和常绿阔叶树林的减噪效果最好，噪声衰减值均大于10分贝；植物群落对噪声的减弱效果明显优于空旷地；建群种相同、林下层次多、植物种类丰富的群落对噪声的衰减效果优于林下无植被的群落；以落叶植物为优势种的群落在生长期对噪声的衰减值比落叶期高4～5分贝。这说明，绿色植物可以有效吸收噪音。因为，声音一般呈放射状传播，其频率和波长成反比关系，声音的频率越高，其波长就越短，传播的方向性就强，在传播方向上遇到表面比较光滑的物体，容易被反射，遇到树木等物体，容易被吸收，声音就会有较大的减弱。

噪声污染对人的影响表现

如果你购房位置不好，不得已买进了沿街或邻高架桥的商品房，每天24小时总感到阵阵噪音，汽车喇叭声、高架桥上车来车往……即使花费不小的代价，安装上隔音玻璃窗，也不可能终日不开窗户……那么，你就可利用植物来吸收噪音。在家庭内种植的植物不同于公共场所，选择相对有局限性。比如：柏树、针柏就是非常好的"噪音吸收器"，如果把它摆放在房间窗口或阳台处，就能有效降低30%左右从街上传来的噪音。还可以选择女贞、桂花、悬铃木等也可以有效降低噪音。在选择这些植物时，要根据空间大小，以及植物之间的相互搭配来合理选择。

★ 易在卧室内摆放的花草

卧室其实是人们待的时间最长的地方，因为人的睡眠时间就占了一天时间的很大一部分。所以，卧室空气的质量直接关系到人们身体的健康。很多人都有这样的误区：凡是绿色植物都能释放出氧气，所以应该在卧室内多放置几盆绿色植物。但殊不知，大部分植物是在白天进行光合作用，放出氧气，在夜间则吸收氧气放出二氧化碳。只有很小部分的植物才会在夜间释放氧气。所以如果选择不当的话，不仅起不到相应的作用，还会起反作用，出现植物跟人争氧的现象，这大大不利于人们的健康。还有些植物释放出的气体是可以帮助睡眠的，有些则不利于睡眠。因此，选择卧室植物时一定要慎重。

仙人球是卧室植物的首选。它又被称为夜间"氧吧"。仙人球呼吸多在晚上比较凉爽、潮湿时进行。呼吸时，吸入二氧化碳，释放出氧气。所以，在卧室放置像金琥这样一个庞然大物，无异于增添了一个空气清新器，能净化室内空气。尤其是夜间摆设室内的理想花卉。别小看仙人球，同时它还是吸附灰

仙人球类植物——金琥

尘的高手呢！在床头放置一个仙人球，特别是水培仙人球（因为水培仙人球更清洁环保），不仅可以制作氧气，还可以起到净化环境的作用，可以防止吸入体内大量的空气浮沉。

艾草、丁香、茉莉、玫瑰、紫罗兰、田菊、薄荷，这些植物可使人放松，有利于睡眠，可以放在卧室内。但要注意卧室内的植物放置不宜过多。同时对于香味儿浓烈的植物最好不要放在卧室内，以免影响睡眠质量。

★ 有些花不易摆放在室内

大多少人在选择室内植物时，可能过于注重花卉的美观作用，而忽

视了它本身的功能。但有几种花卉最好不要摆放在室内，因为它们本身就属于有毒植物。常见的有毒花卉如下：

夜来香，在夜间停止光合作用，排出大量废气，对人体健康不利。长期将其摆放在客厅或卧室内，会引起人头昏、咳嗽，甚至气喘、失眠。

夜来香

郁金香，具有很高观赏价值，是风靡全球的名花之一。但花中含有毒碱，人在花丛中呆上两小时就会头昏脑涨，出现中毒症状，严重者可有毛发脱落现象。

郁金香

夹竹桃，每年春、夏、秋三季开花，观赏价值较高。其叶、皮、花果中，均含有一种叫竹桃菌的剧毒物质，若接触过多容易诱发呼吸道、消化系统的癌症。新鲜树皮的毒性比叶强，干燥后毒性减弱，花的毒性较

夹竹桃

弱。它分泌的乳白色汁液含有一种夹竹桃苷，误食会中毒。

水仙花，雅号"凌波仙子"，是我国十大名花之一，很多人都喜欢养。但它的植株内也含有对人体有毒的石蒜碱。花和叶的汁液能使皮肤红肿，特别当心不要把这种汁液弄到眼睛里去。误食会引起呕吐、下泻、手脚发冷、休克，严重时可因中枢麻醉而死亡。其鳞茎内含有拉丁可毒素，误食后会引起呕吐、肠炎。

水仙花

杜鹃花，又叫映山红。黄色杜鹃的植株和花均含有毒素，误食后会引起中毒；白色杜鹃的花中含有四环二萜类毒素，中毒后引起呕吐、呼吸困难等症状。

白杜鹃花

一品红，又名圣诞花。一品红临冬季节娇艳的红色苞片，特别诱人，又称墨西哥红叶。但其全株有毒，其白色乳汁刺激皮肤红肿，引起过敏性反应，误食茎、叶有中毒死亡的危险。

一品红

马蹄莲，花有毒，内含有大量草本钙结晶和生物碱等，误食则会引起昏迷等中毒症状。

马蹄莲

虞美人，又叫丽春花。全株有毒，内含有毒生物碱，尤以果实毒性最大。误食后会引起中枢神经系统中毒，严重的还可能导致生命危险。

虞美人

白花曼陀罗，原产于印度，近年来我国各地均有栽培，植株有毒，果实有剧毒。

白花曼陀罗

五色梅，花叶均有毒，误食后会引起腹泻、发烧等症状。

五色梅

花叶万年青，绿色的叶片上具有白色或黄色斑点，色调鲜明，是良好的室内观叶盆栽植物。花叶内含有草酸和天门冬毒，误食后则会引起口腔、咽、喉、食道、胃肠肿痛，甚至伤害声带，使人变哑。

花叶万年青

南天竹，又名天竹，全株有毒，主要含天竹碱、天竹苷等。误食后会引起全身抽搐、痉挛、昏迷等中毒症状。

南天竹

含羞草，内含有含羞草碱，接触过多会引起眉毛稀疏、毛发变黄，严重者还会引起毛发脱落。

含羞草

　　飞燕草，又名萝卜花，全株有毒。种子毒性更大，主要含有匜生物碱，误食后会引起神经系统中毒，重则会发生痉挛、呼吸衰竭而死。

飞燕草

紫藤，种子与茎皮均有毒。种子内含金雀花碱，误食后会引起呕吐、腹泻，严重者则会发生语言障碍、口鼻出血、手脚发冷，甚至休克死亡。

紫藤

麦仙翁，夏季开花，全株有剧毒。它的适应性很强，能自播繁殖，生长旺盛。人们切勿用手触摸。

麦仙翁

此外过于浓艳刺目、有异味或香味过浓的植物都不宜在室内放置。花香大多有益健康，但有一些植物香味过于浓烈，如夜来香等，人们长时间处于这种强烈气味的包围中，难免有损健康；即使是对于水仙、玫瑰之类著名香花，时间一长，特别是睡眠时呼吸这些气息，也会令人不舒服。

因此，尽量不要选择在室内摆放这些植物，如果要摆放的话，一定要放在比较安全的位置，以防人们由于触碰或者误食而发生中毒事件。

★ 室内植物不宜多养

有人认为绿色植物可以净化空气，还可以美化环境，所以多多益善。而事实上，室内不宜种植太多花草，尤其是室内空间比较拥挤且通风不畅的家庭，不要种植很多绿色植物。因为，大部分的绿色植物在白天进行光合作用吸收二氧化碳，放出氧气，但是在晚上则相反，若放置过多的植物则会吸收大量氧气，造成室内小气候缺氧。

同时，有很多植物对环境有一定要求，或者喜阴，或者喜阳，有的植物相克，如果放置在一起会枯萎死掉等等。

而且种植大量植物，必然会经常浇灌，这在某种程度上也是对水资源的浪费。所以要根据自身情况和植物的特点来种植。

3. 小心绿色植物种植引发环境问题

眼下绿色植物种植受到了人们的热烈追捧，不仅因为它们的美观装饰作用，还因为它们的特殊功效。能给自己营造一个温馨自然的生活环境的同时，也给人们的健康提供了帮助。但是，人们可能还没有意识到，在种植这些植物的过程中，有可能一个不经意的行为就造成了严重的生态问题。比如，你的花卉繁殖太快，没有地方种植，就有可能丢掉；有可能你把花盆的土换掉后直接堆放在野外等等。这些都可能给环境造成危害。因为，你可能不知道，你丢掉的花卉植株有可能是从国外引进的，随意丢掉可能还会存活。如果条件合适的话，那么它有可能会像水葫芦（凤眼莲）那样肆意繁殖，严重破坏生态平衡。水葫芦在1901年从日本被作为观赏植物引入中国，20世纪五六十年代被作为猪饲料推广，之后，在中国一发不可收拾。关于水葫芦影响环境及生态的"罪行"不时见诸报端：堵塞河道，影响航运、排灌和水产品养殖；破坏水生生态系统，威胁本地生物多样性；吸附重金属等有毒物质，死亡后沉入水底，构成对水质的二次污染；覆盖水面，影响生活用水；滋生蚊蝇。而政府为了清理它每年不得不花费巨

水葫芦引发的环境问题

资，但是仍然无法控制它对生态的破坏行为。你又怎么知道，你随手丢掉的花草不会成为下一个水葫芦呢？

原国家环保总局 2003 年的调查结果就显示，外来入侵物种当年给中国造成的经济损失高达 1198.76 亿元，占中国国内生产总值的 1.36%，其中对国民经济有关行业造成直接经济损失共计 198.59 亿元，而对我国生态系统、物种及遗传资源造成的间接经济损失则高达 1000.17 亿元。

这些你可能都没有想到，一棵小小的植物怎么会有这么严重的破坏呢。所以，我们必须提高这方面的警惕性。对于要换土、植盆的花卉，把换掉的土和需要丢掉的花卉合理处理，如作为垃圾投放，把有生命的植株晾晒或者捣碎确保其没有生命能力以后再丢到垃圾筒，或者直接作为花肥使用。说不定你的一下小小的行为就可以避免一场生态危机。

宠物篇

每天傍晚或者早上，看看周围的公园或者绿化带，你可以发现有很多人都会带着自己的宠物出来遛弯。有的人牵只狗，有的人抱只猫，有的人拎个鸟笼……他们都乐此不疲，把自己的宠物当成家庭一员，亲密有加。

据心理学家介绍，养宠物有利于培养爱心，长期与猫猫狗狗打交道，感动生灵、心怀关爱的情感会油然而生。宠物是最好的倾诉对象，它不会反驳，也不会说那些适得其反、火上浇油的话，尤其是它会用摇尾巴，通过

人狗情

旺旺叫几声等实际行动来讨人欢心。这在很大程度上缓解了人的急躁心情，也使源于情感孤独的种种心理疾患大大减少。国外的心理治疗法中

包装精美的宠物食品

就有利用宠物来培养或唤醒人心深处，诸如理解、同情、奉献、责任心之类优良的品行的方法。

同时，宠物还可以促使人们去运动，每天早晚的遛弯可以让人们在紧张的工作之余来放松一下。当然，养

155

宠物还促进了相关产业的发展，越来越多的宠物医院、宠物医生、宠物商店开始出现在人们的视野中。

但是，"宠物热"兴起的同时也带来了很多问题。当你和你的宠物亲密无间时，你可能没有想到有一天你要因为它为自己的健康埋单；你也可能会忽视，你的宠物在公共场合的一小摊尿渍会让很多儿童染上疾病……

还有很多人跟风，对养宠物一窍不通就开始领养宠物，而且领养宠物的种类也越来越繁多，稀奇古怪的、国内国外的什么动物都敢养。在养宠物过程中又往往因为相关知识的匮乏而忽视了宠物的健康卫生；或者是忽视了宠物自身给人带来的疾病威胁等等。这些问题对宠物和主人来都是有待解决的。

1. 你的宝贝儿宠物健康吗

目前，宠物健康成为养宠一族热切关心的话题。宠物医院的设立虽然在一定程度上解决了一些宠物的患病问题，但是，总不能等到宠物生病的时候才注意到这些问题，那时就太晚了。健康问题对于人来说很重要，对于宠物来说也相当重要。那么怎么保证你的宠物的健康呢？你又应该做些什么呢？

要保证你的宠物健康，除了定时定量喂食，做好卫生工作之外，还要学会观察它的变化。比如，有没有食欲下降、精神萎靡不振、叫声发生变化等等，如果出现这些症状，那么说明你的宠物可能患病了。还有一些宠物可能自身就带有病菌，或者寄生虫之类，在领养的时候要先了解一下相关的知识。在领养宠物时还要考虑到宠物作为动物本身的一些习性，千万不要刻意地让它向人的行为习惯方面发展，因为动物本身的习性是很难改变的。要在保证宠物身体健康的同时还要保证它们的心理健康。只要平时注意这些方面的监测，你就可以知道你的宝贝儿宠物是否处于健康状态了。

随宠物热兴起的宠物医院

2. 小心你的宠物成了污染源

★ 养宠物应注意的事项

近年来，我国兴起"宠物热"，猫狗猪兔、蛇蝎鹰鸽、鼠燕鸥鹤，五花八门，无奇不有。凡是能够买到的，人们几乎都敢领养。有些爱宠人士为了加深与宠物之间的感情，与宠物的关系可谓密切至极，同室居、同桌食、同床睡，真是达到了宠之深、爱之切。我们不否认宠物给人们带来了乐趣、赶走了寂寞，给儿童开阔了眼界、增加了智能、培养了爱心。但由于知识匮乏、条件不足，或宠之过度、饲养不当，宠物也给我们带来许多麻烦和意外伤害，我们也给宠物自身造成了伤害，还对环境造成了污染。因此在这里给大家提几点养宠物需要注意的事项。

首先，要加强对宠物卫生的保养和健康的护理。如给宠物注射疫苗，经常给宠物洗澡，以及对宠物房间进行杀菌过滤。尤其是有小孩和孕妇的家庭，更要加强保养和护理，以免细菌传染，造成疾病甚至影响下一代。

其次，若发现宠物异常要及时带它们去宠物医院治疗。若被医院诊治为传染性疾病的，要隔离，严重的应忍痛毁弃掉。即使宠物无传染病，也要定期检查打针。

第三，尽可能不要过分亲密地接近宠物。宠物主人在跟宠物密切接触之后，比如抚摸宠物，或者宠物舌头舔舐皮肤后，要及时做清洁，特别是吃饭和睡觉前。因为很多动物都是病菌的传递者。比如携带者和猫就极易携带弓形体病毒，此外，还能传播巴斯德杆菌，这种病菌可能致人患出血性败血症。鸽子也有一种叫"曲菌"的致病性真菌，人感染上可引起气管炎、支气管炎、肺脓肿和肺肉芽肿等疾病。小狗也可能通过寄生虫、跳蚤、螨虫传播给人多种疾病。当然更不能让宠物去触碰家中的饮食餐具，以及卫生用品等跟人体接触密切的东西。

第四，家中饲养宠物要以不影响他人生活为原则，不能"把自己的心身愉悦建立在他人的痛苦之上"。比如尽量避免你的狗在夜深人静的时候狂吠；带宠物出门散步时，要负责及时清理宠物的粪便和排泄物以免影响到环境；避免你的宠物乱跑，以防咬伤或抓伤路人。

最后，宠物来源一定要有保证。在领养宠物时还要注意，尽量不要养一些千奇百怪的动物，因为有些非普通宠物，本身就属于危险动物品种，像蛇一类的，领养过来可能会成为一种隐患。对于一些进口宠物，一定要有完备的进口证件。同时，不要轻易领养走失的流浪动物，因为没有定期接种疫苗的流浪猫狗对人的危害性更大，也更易传播疾病。

对于家中宠物因为疾病或者其他原因死亡后，应该对尸体进行正确处理。一位从事环保工作多年的人士提出，流浪的宠物除了容易对人造成危害外，还会对城市环境、交通以及公共卫生安全构成严重的隐患，甚至带来更大的危害。"我经常去郊区的一些地方，发现不少村庄的河里有一些腐烂的猫狗尸体，不仅尸体臭味让人难受，而且还对水源造成了重大的污染。"因此在处理宠物尸体时格外注意。如果宠物是因一般病而死，主人可以把它深埋在树下，这样尸体可以变成有机肥料，但一定要注意远离水源，以免造成水污染。如果宠物是因传染病而死，尤其是如狂犬病等一类传染病，那就要通过宠物医院报告动物防疫部门，到动物尸体处理场进行无害化处理。《中华人民共和国动物防疫法》第14条规定"染疫动物及其排泄物、病死或死因不明的动物，

一只刚进行过手术的流浪狗

染疫、腐败变质或有病理变化的动物产品，以及被染病动物及其产品污染的物品，必须按照国家和省市有关规定处理，不得随意处置"。

★ 避免宠物带来过敏症

猫和狗是人们较为喜爱的宠物，也是最常见的容易引起过敏的动物。动物过敏原主要来自于它们的唾液、粪便、尿液、皮毛和脱落的皮屑等。这些过敏原可以像尘螨和霉菌一样存在家中。即便是鸟、鸡、鸭、鹅、牛、马、豚鼠等接触不当，或者不注意卫生也常常会引起过敏。这些动物所引起的过敏症状在不同的人身上有不同的表现。但是其中有一种过敏性哮喘病相对比较严重，尤其是儿童过敏性哮喘，目前还没有很好的治疗方法。所以我们养宠物时一定要对这些重视起来，尽量避免这些过敏性疾病发生。具体地，可以采取下列措施：

1. 在养宠物前应先花些时间试着与同类宠物接触一段时间，以便确定是否对此种宠物过敏。若没有过敏现象发生，则可以领养。

2. 养宠物后要定期打扫卫生，将宠物用品带到室外敲打、冲洗和暴晒。做好宠物自身的清洁工作，及时清理宠物的排泄物，并至少每周给宠物洗澡一次。同时，过敏者应戴防尘口罩或暂避室外，减少与空气中散步的皮屑、病菌之类的接触。

3. 尽量避免与宠物亲密接触，请他人代替为宠物梳理毛发，不要让宠物的皮毛接触到皮肤，避免宠物舔舐。若有接触，要及时清洗接触部位。

4. 尽量不要让宠物进入卧室。

5. 家里应避免使用地毯和软垫，因为此类物品容易沾染宠物的毛发，隐藏细菌，还不易清理，所以尽量选择光滑容易清洗的地板和家具。

★ 宠物给儿童带来健康危害

家庭中有只小狗、小猫或小鸟，都会给家人带来许多欢乐。主人更是俨然把这些宠物当成了家庭成员来对待。当和你谈起他的宠物时，往往是眉飞色舞，滔滔不绝。家里的小孩子更是拿它们当做自己的玩伴。殊不知，这些宠物却会传播多种疾病，成为儿童健康的隐形杀手，时刻危害着儿童的健康成长。

狗，通常是儿童喜爱的玩伴。但是狗身上除狂犬病外还隐藏了多种病菌。如"弯曲菌"，它可以导致儿童经常性的腹泻，出现身体消瘦、发育迟缓的症状。同时可能还会伴有发热、头痛、呕吐、腹痛、腹泻、排黏液或脓血便。严重影响了儿童的成长发育。"肝吸虫"也可以由狗传染人。华枝睾吸虫寄生于人和犬胆囊和胆管内，可引起发炎致病。

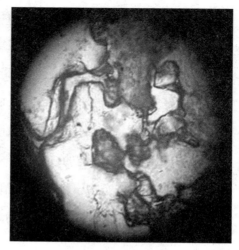

显微镜下的狂犬病菌

猫除了跟狗一样也携带狂犬病毒、霉菌感染外，还会传染给儿童其他疾病。比如，可以传染"猩红热"，即传播溶血性链球菌，这主要是因为密切接触造成。而且猫不像狗，有时会翻脸不认人，婴幼儿最易被猫抓伤、咬伤。抓伤可引起"猫抓热"，咬伤可造成多种细菌的化脓性感染。

鸟类也能传播疾病，也最为人们所忽视。鸟类可以传播脑炎病毒，我国流行的乙型脑炎（乙脑）在人群中流行前，病毒同样先感染动物，动物感染后并不发病，但在血中却含有大量病毒，蚊虫叮咬和吸吮这些被感染的动物血液后，蚊体内便携带病毒，再叮咬健康人就将乙脑病毒传入人体血液内，在人体中繁殖而致人发病。鸟类还可以传染"鹦鹉热"，鹦鹉热又名鸟疫，是由鹦鹉衣原体引起禽类的一种接触性传染病。在自然情况下，鸡、鸽、鸭、鹅和野禽等都能感染本病和互相传染。人类鹦鹉热通常是由于吸入染病鸟类的羽毛或粪便的尘埃或被染病鸟类咬伤所致，严重者出现非典型肺炎的病理改变。其实，禽鸟身上携带的病原微生物绝不只以上两种。鸟的羽毛和排泄物往往是过敏源，会引起孩子的过敏性疾患（如皮疹、哮喘）。流行病学者经调查后认为，养鸟是引发人类肺癌的一大诱因。所以，家中尽量不要养鸟，养鸟不仅限制了鸟的自由，而且也给家庭人员的健康埋下了隐患。

儿童作为特殊群体，免疫力相对低下，容易被传染。所以在养宠物时要尽量做好清洁卫生、宠物保健工作，避免儿童跟宠物密切接触，以减少被传染的概率。

★ 对女性健康有影响的宠物

很多宠物在大多数时候成为人们情感的纽带，在这样一个快节奏、人际淡漠的时代，宠物更能唤醒人的关爱之心。

拥有宠物，成为让人羡慕的事情，养宠物成为很多女性所向往的事情，但同时女人的健康问题也受到威胁。有这样一个例子：

一位女士婚后5年才生了个女儿，喜欢得不得了。可家人发现孩子的头比一般新生儿的大许多，腰背部还有个大水囊，经详细检查后确诊为"先天性脑积水合并脊柱裂"。根据医生建议，做了个脑积水内引流手术，手术找到了病因：从她的脑脊液中找到了弓形虫，还从她家猫的粪便中找到了弓形虫的卵囊。原来元凶是"弓形虫感染"。

原来，这种原虫的终末宿主是猫科动物，它能在猫的肠黏膜内有性繁殖。一只病猫每天可从粪便中排出数以万计的弓形虫卵囊，这些卵囊通过某种途径被人吞食后，就孵化出孢子和弓形虫，再穿过肠壁进入血液循环和组织中，引起急性感染。如果孕妇感染弓形虫，它可通过胎盘感染胎儿，引起流产、早产、死胎或多种畸胎。据近年我国各地调查显示，孕妇弓形虫感染率很高，并与畸胎率及儿童低智有密切关系。

要想避免这种疾病的传染，在养猫时要注意应该让猫待在家里，而不是"放养"，任其在外游荡。养在家里的宠物染上弓形虫的很大一个途径，可能是外出的时候吃了受感染的动物如老鼠等，或者吃了被猫狗粪污染的食物。所以，不要让宠物在外随便乱跑。但英国宠物协会数年来的研究成果表明：弓形虫并不仅仅存在于猫的身上，这种寄生虫可以通过猫传染到很多东西上，所以不要用生肉喂食宠物，因此这些东西也有可能会有弓形虫寄存，最好喂熟食和成品猫粮。不要把宠物盛食物的碗和其他的东西放在一起。由于弓形虫的虫卵要在体外经过 48 小时才能孢子化，孢子化以后才具有传染力。所以，宠物的粪便和食盘最好每天最少清理一次，且要清理干净，这样才能防止出现意外。此外，宠物主人还应该养成经常洗手的习惯，尤其是在抚摸宠物或者清扫宠物粪便以后。对于宠物所有用过的东西都要做及时清洁，或者消毒处理。

如果，家中有怀孕的妇女，为保险起见，最好不要养猫，或者把猫寄养到别处，做到有备无患。

3. 为你的宠物负责就是为自己负责

当领养宠物成为一种时尚的时候，你可能还没有意识到，你在享受宠物带给你的欢乐时，你还需要履行一份义务，为你的宠物负责。宠物也是有生命的，它在地球上同人类一样享受生存的权利，但是，它需要履行的"义务"就需要主人来实施了。因为宠物人气上升的同时，越来越多的社会问题也随之出现，如宠物噪音，宠物排泄物的气味污染，遗弃宠物等等。要解决这些问题，首先得从提高宠物主人的责任感和公德心开始。具体地，宠物主人应该做到以下几点。

不要随便扔宠物的排泄物。将宠物的排泄物带回家或者处理掉是最基本的公德。如果排泄物就地埋在土里就影响公众卫生。作为主人，你应该具备这最起码的自我意识。

防止猫狗的留标记行为。留标记来主张自己的存在，是动物的本能。猫狗则以留下自己的尿来留标记。在和它们散步时，记得带上塑料瓶装水，以便可以随时冲干净它们的标记。在室内公共场所绝对不能让宠物有这种行为。如果出现这种行为的话，那么作为主人你就有责任清理干净。

外出时要给宠物带好项圈、牵引带。有的饲主不用牵引带就带宠物出来散步，这是不负责任的做法。为了有效避免宠物间的争斗，交通事故，宠物对人的伤害事故，给不喜好动物的人所带来的不快，牵引带是必需品，也是必要品。不管是狗，猫，其他种类的宠物外出散步时一定要带好项圈和牵引带，这样不仅可以避免不必要的伤害，对宠物本身也有好处。

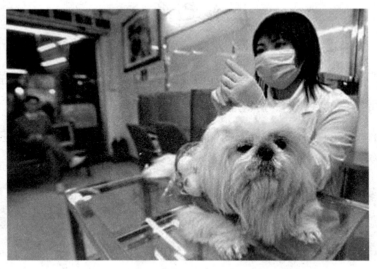

正在接受注射的小狗

不要遗弃或者虐待动物。动物也是有生命的，领养了它就应该对它负责任，虐待和遗弃动物都是不人道的行为，是对生命的漠视。

其他篇

保护环境，人人有责。这句耳熟能详的话在人们耳朵里穿梭了很多年。但是，却只有很少人意识到保护环境是自身的责任，更不要说从自身做起了。其实，我们不一定只有去投身环保志愿者，或者亲自去治理污染才能算为环境保护做了贡献。我们只要少浪费一张纸，少浪费半个馒头，节约一滴水，省下一度电，这都算是为环保做了贡献。生活中除了上述我们大家比较熟悉的部分跟环保节能密切相关外，还有很多地方跟我们密不可分，可是大家又往往对这些方面比较忽略，如开车出游、不注意节约写作业用纸、使用一次性用品。生活中还有很多方面都与节能环保有关，只要我们多加留意，我们就能做到节能环保。

成都一环境教育基地成立剪裁仪式

1. 重新审视眼中的废物垃圾

垃圾回收站的状况

"废物垃圾"这个字眼大家并不陌生。可是多少人真正理解什么是废物垃圾呢？废物和垃圾可以说是两个含义，但是有相同的特点。废物是人们使用过的东西，但是作为生活用品来说已经没有办法再次使用了。垃圾，则是人们日常生活所制造出来的，是可以从其他东西中分离出来的没有利用价值的东西。

不管是废物还是垃圾，大多数人都没有重视到它的存在。对于废物人们往往忽视了它们内在的价值，把它归到垃圾一类，采取丢弃处理的方式。而对于没有任何使用价值的垃圾也没有进行很好的分类处理，只是一股脑地把这些东西丢在一起。这不仅造成了资源的浪费，还增添了垃圾处理的困难。

2. 举手之劳，你也能做到
节能环保

★ 养成节约用纸的好习惯

纸，这个人们生活中最常用、最熟悉的产品，正因其原料的日益短缺及生产加工过程的高污染，而成为我们的心病。与国民对纸张需求的大幅增长相矛盾的是，我国造纸业市场总量供给短缺。节约用纸便成了我们不得不提的话题。

节约用纸宣传画

日常生活中用纸最多的方面主要是生活用纸、学习用纸和办公用纸。

生活用纸，是人们日常生活中不可缺少的一种纸张。比如，一次性纸巾，卫生纸、厨房用纸等都属于生活用纸。生活用纸主要由家庭自己购买，在公共场合主要是由商场、餐厅等商家提供。无论是家庭还是公共场合，生活用纸的使用都存在不同程度的浪费。人们不用毛巾擦手擦脸而改用面巾纸，厨房也省掉了抹布改用厨房用纸。更甚者，用卫生纸擦鞋、擦桌子……这无疑造成了很大浪费，也给造纸业带来了压力，导致造纸业会扩大生产，也就意味着要伐更多的树木。整个过程循环下来，我们面临的则是更严重的环境问题。相反，如果你少用一张面巾纸，在家里擦手用毛巾代替，少用餐巾纸，喝水用茶杯取代一次性纸杯；改用抹布擦玻璃、擦桌子、擦鞋，就为环保作出了贡献。另外，要注意减少使用过度包装物。商店购物等日常生活行为中，简单包装就可满足需要，使用过度包装既浪费资源又污染环境。减少使用1千克过度包装纸，可节能约1.3千克标准煤，相应减排二氧化碳3.5千克。如果全国每年减少10%的过度包装纸用量，那么可节能约120万吨标准煤，相应减排二氧化碳312万吨。这样不仅给你节省了资金，也为环境增添了一点绿色。

学习用纸可以说是消耗纸张最多的。我们在学校学习，接触最多的就是纸了，作业本、演草纸，很多同学平时写作业时随意撕纸；空行、隔页，写错一个字就撕，撕本子叠飞机，做人工降"雪"，"喜新厌旧"，写两张就扔，校园里纸张浪费相当严重。我们要节约用纸，并且大力提倡重复利用废旧纸。据统计，回收1000千克废纸，可生产800千克的再生纸，节约木材4平方米，相当于保护17棵大树。一个大城市如能将一年丢弃的近万吨的废纸全部回收利用，就相当于保护了数十万棵大树。这不仅节约了造纸的财力，更重要的是间接保护了森林资源，保护了地球上的生态环境。

写作业要认真，减少错误就可以减少纸的浪费，作业本最好用完才换新的，新学期旧本子还没有用完，也可以把没用过的页订起来做草稿纸，考试卷的背面也可以用来做草稿纸。绘画可以先用普通纸打草稿，因为图画纸的生产比普通纸对环境的污染更厉害。

减少不必要的用纸，如擦玻璃应该尽量不用纸，可以用湿抹布和干抹布交替擦，尽量不要用餐巾纸等一次性制品，充分利用"废旧"纸张，旧挂历可以用来包书皮。同时，废报纸、废书可以回收，不要随便扔掉。回收的废纸，用做造纸原料，也是节约纸。回收废纸，不仅可以保护森林，还能节约水和燃料，减轻造纸产生的污水，废气和固体废弃物对环境的污染。

用电子书刊代替印刷书刊。如果将全国5%的出版图书、期刊、报纸用电子书刊代替，每年可减少耗纸约26万吨，节能33.1万吨标准煤，相应减排二氧化碳85.2万吨。

减少送贺卡，就是拯救森林，所以，我们尽量改变节日送贺卡的习俗。在互联网日益普及的形势下，用1封电子邮件代替1封纸质信函，可相应减排二氧化碳52.6克。如果全国1/3纸质信函用电子邮件代替，那么每年可减少耗纸约3.9万吨，节能5万吨标准煤，减排二氧化碳12.9万吨。

每天只要节省下一张纸，一年下来你就会拥有一片小树林。如果每个人每天都节省下一张纸，我们就会节省下一片森林。

★ 倡导无纸办公

"无纸办公"最早由美国提出，是一种经济、环保、高效的数字化网络办公新模式。它以节约资源、提高效率为目标，既能帮助一个单位局部节约资源、减少污染，更是符合建设资源节约型、环境友好型社会的基本要求。随着社会的发展，用纸量也在不断增加，纸张的生产给生态环境带来了很大压力。目前全球很多国家都开始提倡无纸办公，但情况并没有想象得那么乐观。

尽管电脑和互联网、局域网目前在政府机关、公司企业中已相当普及，网络办公技术日渐成熟，电子邮件迅速普及，电子商务、电子政务接踵而来，许多资料报表之类的逐渐被邮件、电子文档等取代。但一项调查显示的情况却让人大跌眼镜：近年来在网络办公技术日渐成熟的同时，各类打印机的销售量却连创历史新高，专用打印纸张的消费也连年呈现快速攀升态势，而近 10 年全球纸张和卡纸的消耗量则从 2.5 亿吨上升到 3.25 亿吨。那么问题究竟出在哪里了呢？

"无纸化办公"

工作中我们不难发现，现在许多单位虽然采用了无纸化办公系统，基本上以使用电脑为主，但传阅文件、发布信息依然习惯使用纸张；有的即便使用了电子文档进行网络传输，但仍要不断地将电子文档打印出来，以白纸黑字的形式存阅。对于大部分人来说，似乎更习惯于阅读纸张而不习惯阅读屏幕。显然，观念与习惯的改变要比硬件的配套更重要也更艰难。我们知道，"无纸化办公"是现代化办公的新理念，需要人们从思想上去转变。现在提倡的"无纸化办公"并非要一夜之间彻底地消灭纸张，而是要倡导人们最大限度地节约用纸，实现办公效率和资源保护的互利与共赢。现代社会造纸消耗了大量自然资源，成为现代工业中耗能、耗水和耗木材的大户，最终产生大量的污水和垃圾，处理这些污水和垃圾又要消耗大量的建材、能源、土地、人力和设备等资源。一个现代化的办公室工作人员平均一天的纸张消耗量大约为 20 张 A4 纸，但如果一般的公文能用电子版交流，则可节约办公用纸 70% ~ 80%，进而节省大量资源并减少相应的污染，又能提高办公效率。

对于一些必须使用纸张的情况，要尽量做到节约用纸。比如打印用纸，一张 A4 或 B5 的打印纸虽不起眼，但由于使用量大，所以在使用的时候还是节约为本。

在打印时，可以通过缩小页边距和行间距、缩小字号的方式来节约纸张。正式文件一般对字号、间距有严格的要求，但是在非正式文件里，可适当缩小页边距和行间距，缩小字号。可"上顶天，下连地，两边够齐"，对于字号，以看清为宜。纸张双面打印、复印也可节约纸张。纸张双面打印、复印，既可以减少费用，又可以节能减排。如果全国 10% 的打印、复印做到这一点，那么每年可减少耗纸约 5.1 万吨，节能 6.4 万吨标准煤，相应减排二氧化碳 16.4 万吨。

因此，在纸张与电脑并存的今天，我们首先要做的，是从更新观念和改变习惯开始，最大限度地发挥电脑、网络的作用，尽量减少使用纸张，即使在使用纸张的过程中也要有节约用纸的意识，只有这样，"无纸化办公"的理想才可能离我们更近一些。

★ 谨慎看待无铅汽油

　　随着我国汽车数量的增加，汽油使用量也在不断增长，排放到空气中的废气造成了空气质量的严重下降，尤其是汽车尾气中的铅给人们的健康造成了很大威胁。为了降低大气污染程度，提高人民的健康水平，从 2000 年开始，我国开始在全国范围内推广无铅汽油。无铅汽油的含义是指含铅量在 0.013 克/升以下的汽油，用其他方法提高车用汽油的辛烷值，如加入 MTBE 等。

　　汽油无铅化的实现，从根本上解决了汽车尾气中的铅污染问题。但是，很多人却误将无铅汽油当作无害绿色汽油，在生活中放松了对汽车尾气的防范。事实上，无铅汽油仍存在不少污染问题。

实验鼠呼吸汽车尾气 1 分钟后死亡

　　无铅汽油除了无铅，燃烧时仍可能排放气体、颗粒物和冷凝物三大物质，对人体健康的危害依然存在。其中，气体以一氧化碳、碳氢化合物、氮氧化物为主。颗粒物以聚合的碳粒为核心，呈粉散状，60% ～

80%的颗粒物直径小于2微米，可长期悬浮于空气中，易被人体吸入。冷凝物指尾气中的一些有机物，包括未燃油、醛类、苯、多环芳烃、苯。这些物质长期吸入人体都会对健康产生威胁。所以即使是使用了无铅汽油的车辆，也会产生危害健康的尾气，所以，人们要注意吸入这些有害尾气。

★ 教你开车节油小窍门

你如果开车或者搭别人的车出门，你肯定会发现包括你自己在内的司机在堵车或者等红绿灯的时候很少会把引擎关掉。而事实上，在等候的过程中引擎如果一直处于空运行状态会比正常驾驶还要耗油。在开车过程中有很多司机都没有意识到自己平时的小毛病其实都会加大耗油量。现在就教你几个节油的小窍门。

首先，驾车出行时要选择合适的挡位行驶。新手往往会以低挡高速行驶，此时发动机负荷率低，耗油多。所以路况好的情况下应以高速行驶，爬坡时挂低挡，尽量提高发动机负荷率，这样可以为你省下很多汽油。在行驶速度方面，一般家庭用车的经济行驶速度为75～90千米/小时，在此速度下行驶，燃油经济性最佳，油的燃烧率达到最大限度。同时，在行驶过程中，尽可能避免急刹急起。柔和、平顺的驾驶方式最省油，在起步阶段，尽量避免猛踩油门，正确的方法是平顺加速，而在达到一定速度后，应尽可能保持匀速行驶。在拥挤路段行驶时，也要看清前面的路况，避免急刹车。这样不仅省油，而且还能延长车辆使用寿命。

其次，车内制冷系统的正确使用有利于省油。空调制冷会消耗一定的燃油量，只要合理使用也不会浪费很多油。但是如果为了省油关闭车内空调开窗通风，当车速高于 80 千米/时时，开窗后的空气阻力消耗的燃油量比空调制冷还要多。

最后，要定期给自己的车辆做好保养工作。不洁净的空气滤清器和油滤清器、磨损的火花塞以及有问题的排放控制系统都可能增加耗油量。据统计，保养不佳的发动机油耗增加 10% 或 20% 是很正常的，而空气滤清器过脏，也可能导致油耗增加 10%。为了保持汽车的最佳性能，最好每行驶 5000 千米更换一次机油，并检查过滤器。这样才能使你的车不至于越开越吃油。

此外，定期清理行李箱，减轻车重也对省油有利。尽量不要对车辆进行改装，或者在车顶装行李架载货，据测算，车顶加装一个行李架，会增加 5% 的油耗。

这些小窍门你在平时注意到了吗？只要你坚持使用这些方法，你会发现，一个月下来，你的燃油费会大大下降。

★ 骑车出行——健康环保一举两得

目前国内购置汽车的浪潮一浪高过一浪，汽车的销售量自然也迅速提高，驾车出行也成为一种人们的习惯。汽车数量的增加就意味着，排放到空气中的汽车尾气也在增加。很多国家开始在汽车燃料方面动脑筋，但这丝毫没有改变因汽车尾气造成的空气污染问题。而自行车作为环保的出行工具在汽车的排挤下渐渐淡出人们的视线，被逐渐遗忘。

自行车出游也是一种时尚

　　每年，为迎接 9 月 22 日"世界无车日"的到来，一些国家的政府都采取措施鼓励国民在自 9 月 16 日开始的一个星期里放弃使用私家车，选择其他代步工具。务实的荷兰人以实际行动支持"世界无车日"。荷兰这个国家人均收入位列全球第四，许多家庭门前都停着私家车，后门的运河里则拴着游艇。即使这样，这些荷兰家庭仍然有自行车。更多的周末，荷兰人开着汽车，拉着拖车，带着自行车，一家老小齐出动，专门找个地方停下汽车，再骑上几十千米的自行车。荷兰人称之为"山水之旅，亲近自然"。

　　自行车，其实是最为环保的交通工具。即使你出行的时候放弃自驾车，选择公交地铁代步，但还是不如自行车经济环保。自行车不仅环保而且还可以锻炼身体。这种单车运动能防止高血压，有时比药物更有效。还能防止发胖、血管硬化，并使骨骼强壮。同时可以锻炼腿部肌肉，增强身体的协调性，促进血液循环，给大脑提供充足的氧气，使大脑更加清醒。所以，如果你坚持每天骑车上下班的话，你势必会有个健康的身体。

★ 一支烟背后的健康与环境问题

众所周知，吸烟有害健康，这几个字也通常会出现在烟草类的外包装上。可是，每年还是有大量的烟草被烟民们消耗掉，似乎他们根本没有把抽烟跟健康联系到一起，更不要说跟环境联系起来了。

其实，很多人都知道香烟中含有大量有害物质，如烟碱、二氧化氮、氢氰酸、丙烯醛、砷、铅、汞等。烟草的烟雾中至少含有 3 种危险的化学物质：焦油，尼古丁和一氧化碳，焦油是由好几种物质混合成的物质，在肺中会浓缩成一种黏性物质。尼古丁是一种会使人成瘾的药物，由肺部吸收，主要是对神经系统发生作用。一氧化碳能减低红血球将氧输送到全身的能力。在一般通风不良而吸烟者又较多的地方，每一毫升烟雾里就含有 50 亿个烟尘颗料，它是平常空气中所含尘埃微粒的 5 万倍。那里一氧化碳的浓度超过工业允许阈值的 840 倍。大量的一氧化碳存在会使人精神疲惫，劳动效率降低，血液中碳氧血红蛋白浓度可上升到中等中毒程度。据国外分析，烟雾中上述各种物质的浓度远远超过工业许可阈值，而后者是先进工业国家规定工人接触有害气体的最高浓度。也就是说卷烟烟雾对人群的危害甚至超过了工业污染的化学气体。如果长时间吸入这些气体对身体会产生很大危害。有数据显示，一个每天吸 15～20 支香烟的人，其易患肺癌、口腔癌或喉癌致死的概率，要比不吸烟的人大 14 倍；其易患食道癌致死的概率比不吸烟的人大 4

倍；死于膀胱癌的概率要大 2 倍；死于心脏病的概率也要大 2 倍。吸香烟是导致慢性支气管炎和肺气肿的主要原因，而慢性肺部疾病本身，也增加了得肺炎及心脏病的危险，并且吸烟也增加了高血压的危险。而且对于女性烟民来说患乳腺癌的概率也会大大增加，同时还会影响到下一代的健康。

全球有 13 亿吸烟者，每年直接死于吸烟引发疾病的人口高达 500 万，我国有 3.5 亿烟民，每年相应的死亡人口约 100 万。吸烟不但危害着人类的生命，同时也对环境造成了严重的影响。

香烟生产的原料——烟草，最初进入商业用途的种植是在 16 世纪初期的美洲中部，从 17 世纪开始扩展到欧洲、中东、非洲和亚洲。烟草大多种在树木稀疏的半干旱地区。种植烟草会破坏土地的自然资源系统，使一块丰产的土地变为贫瘠的荒地。烟草生长成熟期比许多农作物要长，约为半年，这对土地营养消耗量很大。其所需磷肥是咖啡豆的 5.8 倍，玉米的 7.6 倍，木薯的 36 倍！过多地使用化肥使土壤板结。烟草的加工要用火烤，烘烤 1 公顷烟叶要消耗 3 公顷林地的木材，平均烘烤 1 千克烟叶要 7.8 千克木材。种植烟草对生态环境的破坏，使得日益恶化的生态环境雪上加霜。2005 年我国烟草种植面积为 111.6 万公顷，加工这些烟草需要消耗 334.8 万公顷的木材。随着烟草的种植和加工，将有更多的土壤板结，会砍伐更多的树木，这将造成严重的水土流失。

卷烟制造过程中的纸消耗也会对环境产生污染。我国每年卷烟用纸就消耗掉约 10 万吨，而每生产 1 吨纸制品要用 20 棵大树，这样算来我国每年生产卷烟纸需要消耗 200 万棵大树。同时造纸业又是高污染、高耗能的产业，每年生产 10 万吨卷烟纸会产生 642.4 万吨的污水，排放

COD（主要污染物化学需氧量）0.3 万吨，耗水量 1000 万吨，综合耗能达 15 万吨标准煤。

香烟燃烧产生的烟雾分为"主烟气"（经纸烟圆柱体直接吸入口腔的烟气）和"侧烟气"（由锥形燃烧带四周弥散入空气的烟气）。"主烟气"中一氧化碳约为 20 毫克，二氧化碳约为 65 毫克；"侧烟气"中一氧化碳约为 80 毫克，二氧化碳约为 100 毫克。而吸烟者将吐出一部分"主烟气"，因此燃烧一支香烟最终进入空气的一氧化碳约为 90 毫克，二氧化碳约为 135 毫克。据统计，2005 年我国卷烟消费量为 19328 亿支，因此，由于吸烟进入空气的一氧化碳约为 17.4 万吨，二氧化碳约为 26.1 万吨。2005 年至 2009 年香烟的销量呈增长趋势，也就是说香烟消费所产生的一氧化碳和二氧化碳也在增加，给环境带来的压力也因此增加。

烟蒂，往往是人们所忽略的，有的人抽完烟之后随手一丢。殊不知吸烟后产生的烟蒂是不可降解的，随手一丢将会对环境产生严重的影响。每个烟蒂的体积约为 0.49 立方厘米，据 2005 年我国卷烟消费量为 19328 亿支计算，将会产生 94.7 万立方米的不可降解烟蒂垃圾。

同时，全世界每年因抽烟引发的火灾就占到 20%，在我国占 6%，有些省、市占 15% 以上。由此可以看出，由吸烟带来的火灾隐患不容忽视。

综上所述，我们可以了解到吸烟不仅给自身健康带来威胁，而且还严重地危害着环境，因此我们每个人都有义务将健康控烟、健康戒烟进行到底。

★ 医疗垃圾需特殊处理

"医疗垃圾"主要是指一次性废旧医疗器械，是医疗机构在医疗、

预防、保健以及其他相关活动中产生的具有直接或间接感染性、毒性以及其他危害性的废物，具体包括感染性、病理性、损伤性、药物性、化学性废物。包括一次性塑料注射器、输液器、输血器、血袋等。这些废物含有大量的细菌性病毒，而且是生活垃圾的几十倍甚至上千倍。而且有一定的空间污染、急性病毒传染和潜伏性传染的特征，如不加强管理，随意丢

医疗垃圾

弃，任其混入生活垃圾，流散到人们生活环境中，就会污染大气、水源、土地以及动植物，造成疾病传播，严重危害人的身心健康。

目前医疗垃圾主要是由有关部门来进行专业处理。但生活中我们也会遇到医疗垃圾的问题，比如可能会自己在家处理伤口、注射或者包扎，那么，我们用过的棉签、纱布、注射器、药品等如何处理就成了需要面对的问题。这些东西如果处理不好，随便跟生活垃圾丢在一起势必会对环境造成污染，严重的可能会成为某些疾病的传染源。所以，在使

用完这些东西之后要用密封塑料袋包好，送到专门的回收部门，或者送到医院或诊所的垃圾堆放地点，尽量避免随意丢弃。对于家庭过期的药品也应如此。

★ 做好家庭垃圾分类

在日常生活中，垃圾处理问题一直以来是社会头疼的问题。而且随着社会的发展，垃圾的种类越来越多，垃圾的处理难度也越来越大。做好垃圾分类就成为解决这个问题的关键。生活垃圾在所有垃圾中所占比例较大，因此，做好家庭垃圾分类会节省很多垃圾处理中的人力物力资源。

街头的分类垃圾桶

家庭垃圾，除了排到下水道的废水外，主要是固体垃圾。如厨余垃圾、厕所垃圾、废旧报纸、废旧衣物。那么，面对各种垃圾又该如何分类才不至于造成资源的浪费呢？家庭垃圾大致可以分为4类：可再生垃圾（废纸、玻璃、塑料制品等）、不可再生垃圾（渣土、烟头、灰烬、卫生间废纸等）、有机垃圾（果皮、蔬菜、剩饭等），及有毒害垃圾（废电池、过期药品等）。这4种垃圾可以分类分别处理。对于有机垃圾，可以作为花肥来处理，而剩菜饭比较特殊，如果有油腻的东西，就按厨余垃圾处理。其他可以回收利用的垃圾可以投放垃圾筒或者作为废品变卖。对于有毒害的垃圾要交到专门回收这些垃圾的部门，千万不要随便丢弃，以免造成污染。

★ 拒绝一次性用品

不知从何时起，使用一次性日用品成为一种卫生时尚。生活中一次性的东西也越来越多：一次性筷子、一次性饭盒、一次性杯子、一次性牙刷……这种消费方式给消费者带来了简捷、方便、卫生等诸多优点，但是也日渐暴露了它的反面效应。大量使用一次性产品给环境带来了压力，同时也造成了资源的浪费。

生活中很多人喜欢用一次性用品，殊不知，这些用完就扔的物品在提供给人们方便的同时，浪费了大量的社会资源，制造了成千上万吨的垃圾。其中污染最明显、最严重的是那些遍布城市街头的废旧塑料包装袋、一次性塑料快餐具。据有关部门统计，我国仅一次性塑胶泡沫快餐具全年消耗量就达4亿~7亿元。这些用聚苯乙烯、聚丙烯、聚氯乙烯等高分子化合物制成的各类生活塑料制品难于分解处理，遇热水还会释放出有害物质，并不是人们想象中那样卫生，同时也造成生活环境的严重污染。

群众发起停用一次性筷子活动

塑料袋的确给我们的生活带来了方便，但是这一时的方便却带来长久的危害。塑料袋回收价值较低，在使用过程中除了散落在城市街道、旅游区、水体中、公路和铁路两侧造成"视觉污染"外，它还存在着潜在的危害。塑料结构稳定，不易被天然微生物菌降解，在自然环境中长期不分解。这就意味着废塑料垃圾如不加以回收，将在环境中变成污染物永久存在并不断累积，会对环境造成极大危害。尽管少生产1个塑料袋只能节能约0.04克标准煤，相应减排二氧化碳0.1克，但由于塑料袋日常用量极大，如果全国减少10%的塑料袋使用量，那么每年可以节能约1.2万吨标准煤，相应减排二氧化碳3.1万吨。

此外，一次筷子也给环境带来了很大压力。中国市场各类木制筷子消耗量十分巨大，每年消耗一次性木筷子大约450亿双（约消耗木材166万立方米）。每加工5000双木制一次性筷子要消耗一棵生长30年的杨树，全国每天生产一次性木制筷子要消耗森林100多亩，一年下来总计 3.6 万亩。如果全国减少 10% 的一次性筷子使用量，那么每年可相当于减少二氧化碳排放约 10.3 万吨。

正在晾晒的经过硫酸钠浸泡的筷子

一次性纸杯的消费也在逐年增长，且被人们当成一种时尚的卫生用品。纸质杯子方便携带和使用，价格低廉，是许多家庭和公共场所常见的喝水工具。纸杯制造消耗木材造成浪费这不用再说，而劣质纸杯采用再生聚乙烯，在再加工过程中会产生裂解变化，产生许多有害化合物，在使用中更易向水中迁移，纸杯在生产中为了达到隔水效果，会在内壁涂一层聚乙烯隔水膜。聚乙烯是食物加工中最安全的化学物质。但如果所选用的材料不好或加工工艺不过关，在聚乙烯热熔或涂抹到纸杯过程中，可能会氧化为羰基化合物。羰基化合物在常温下不易挥发，但在纸杯倒入热水时，就可能挥发出来，所以人们会闻到有怪味。从一般理论上分析，长期摄入这种有机化合物，对人体一定是有害的。

另外，一次性餐巾纸、面巾纸的使用也会给环境造成影响，但却很少有人意识到这个问题。环保专家指出，餐巾纸、面巾纸确实方便，但如果不加节制地使用，也有很多危害。纸张过度消费的结果首先是消耗大量木材，造成生态破坏，因为生产 1 吨纸需要砍伐 17 棵 10 年生大树；其次是环境污染，餐巾纸的一次性使用会产生大量垃圾，生产纸浆过程中的废水排放是水环境最大的污染源之一，占到城市污染的 30% 以上；部分餐巾纸含有荧光增白剂、氯等有害身体健康的化合物，其生产过程中化学反应所产生的烈性毒物，可导致肝癌。用手帕代替纸巾，每人每年可减少耗纸约 0.17 千克，节能 0.2 吨标准煤，相应减排二氧化碳 0.57 千克。如果全国每年有 10% 的纸巾使用改为用手帕代替，那么可减少耗纸约 2.2 万吨，节能 2.8 万吨标准煤，相应减排二氧化碳 7.4 万吨。

保护环境，节约资源，是我们每个人义不容辞的责任。如果我们平时自觉不用或少用一次性快餐盒、一次性塑料袋、一次性筷子；外出购物尽量用布袋；外出旅游时，自备水壶装水喝，少用纸杯、纸盘等等。那么看似不起眼的一件件一次性的日用品的节省，最终会节省下很多资源。勿以善小而不为，勿以恶小而为之。让我们每一个人都树立资源有限的观念，增强环保的责任感和使命感，从自觉拒绝使用每一件一次性日用品开始做起。

★ 家庭绿色装修

家庭装修是人们颇为关注的话题，而有关装修污染的问题也层出不穷。绿色装修这一概念的提出就是针对这个问题。绿色装修的目的是营造一个绿色的居室环境，无污染、无公害、可持续、有助于居住者身体健康的室内环境。

绿色设计是绿色装修的前提。在设计时要注意以下几点：装修要按照简洁、实用的原则进行设计。不应该采用那些华而不实的设计，既浪费资源，又会影响生活的舒适度。装修设计时，要考虑资源的综合利用和节能问题。要尽可能的选用节能材料，如节能型门窗、节水型座便器、节能型灯具等，要尽量利用自然光进行室内采光，降低装修后的能源消耗量。同时要特别注意室内环境因素，合理搭配装饰材料，充分考虑室内空间的承载量和通风量，提高室内空气质量。

室内污染检测

施工过程也是家庭装修所不可忽视的。在施工时，要尽量选择无毒、少毒、无污染、污染小的施工工艺，特别是一些已经实践证明的容易造成室内污染的施工工艺，一定不要使用。抓好施工现场的资源控制与管理，降低水电的消耗，避免浪费。降低施工中的的粉尘、噪音、废气、废水对环境的污染和破坏程度。做好垃圾的及时处理。

当然，家庭装修中建材的选择是一个很重要的方面。在选装修材料时，要严格选用环保安全型材料，尽量选择无污染或污染小的，对人体健康没有损害的材料。如不含甲醛的粘胶剂、不含苯的涂料、不含纤维的石膏板材等。同时尽量选择对资源依赖性小、资源利用率高的材料，如用复合材料来代替实木，选用可再生利用的玻璃、铁制品等。这样你不仅节省了资金，也为环境保护尽到了自己的一份责任。

3. 日常废物循环利用——
节能、环保、经济

垃圾是放错了地方的财富。垃圾通常被我们当做废物来处理掉，其实很多废旧物品还有很大利用价值，有可能会废物变宝。目前，我国城市垃圾无论是人均产生量还是绝对量都有很大增加。这些垃圾占用土地、污染水体、破坏植被、污染大气，造成了严重后果，城市垃圾处理问题变得越来越重要。城市垃圾中可循环利用的物质含量达 30%，而这些回收来的东西只要略微加工就又可以投入使用，这样就为重新生产这些东西节省下很多资源，而且也避免了生产这些产品带来的环境问题。看看我们生活中究竟有哪些东西可以回收利用，里面又隐藏了多少经济价值，看看自己每天浪费掉多少资源。

纸——你今天扔掉几张纸？据统计，回收利用 1 吨废纸可再造出 800 千克好纸，可以挽救 17 棵大树，节省 3 立方米的垃圾填埋厂空间，少用纯碱 240 千克，降低造纸的污染排放 75%，节约造纸能源消耗 40% ~ 50%，而每张纸至少可以回收两次。我国目前的废纸回收率仅为 20% ~ 30%，

卫生纸芯改做的笔筒

每年流失废纸 600 万吨，相当于浪费森林资源 100 万～300 万亩。这其中也有我们的责任。

塑料制品——你一周用了几个便当盒，多少个塑料袋？所有的废塑料、废餐盒、食品袋、编织袋、软包装盒等，都可以用来还原成为燃油；从 1 吨废塑料中能够生产出 700～750 升无铅汽油或柴油。许多废塑料还可以还原为再生塑料，循环再生的次数可达 10 次。以废餐盒为例，回收后可制成建筑装修用优质强力胶；3 个废餐盒就可以做一把学生用的尺子，20 个废餐盒可以造出一个漂亮的文具笔筒。从塑料花盆到公园里的长凳，都可以用废餐盒作为原料来生产。所以下次不要随手乱丢这些东西，把它放进回收桶，举手之劳你就为将来节约了资源。

玻璃制品——你扔掉了几只瓶子？你可知道，回收一个玻璃瓶节省的能量，可使灯泡亮 4 小时。等用电高峰拉闸限电的时候，你有想过下次你省下一个瓶子，就能为自己买来 4 个小时的光明吗？

……

你如果少丢掉一件可以利用的"垃圾"，那么你就为地球积累了一点财富。

人人参与　共建绿色家园宣传图标

结 束 语

　　节能减排、保护环境是每个公民应尽的责任，需要我们每个人长期坚持不懈地努力。大到全世界各个国家，小到一个地区，一个家庭，都有责任有义务搞好节能减排、保护环境工作。随着全球工业化、城镇化程度的不断提高，资源、能源紧张的局面将越来越严峻，特别是水、土地等日趋紧张。因此，需要进一步增强全民的节能环保意识。全社会都应积极行动，从我做起，从现在做起，从点滴做起，节约能源，减少污染物排放，长期坚持，养成习惯，为保护家园、保护环境做力所能及的事，每人每天少用一度电、节约一滴水、少扔一张纸、少用一双一次性筷子、少开一次车、少抽一支烟，就做到了节能环保，我们的环境就将有很大的改善。人人参与到节能环保中来，让我们共同建造绿色家园。

附录 世界环保主题纪念日

国际湿地日（2月2日）：

每年2月2日为国际湿地日。根据1972年在伊朗拉姆萨尔签订的《关于特别是作为水禽栖息地的国际重要湿地公约》，湿地指"长久或暂时性沼泽地、泥炭地或水域地带，带有静止或流动、或为淡水、半咸水、咸水体，包括低潮时不超过6米的水域"。湿地对于保护生物多样性，特别是禽类的生息和迁徙有重要作用。

世界水日（3月22日）：

1993年1月18日，第47届联合国大会作出决议，确定每年3月22日为世界水日。从1994年开始，我国政府把"中国水周"时间改为每年的3月22日~28日。

世界气象日（3月23日）：

1960年世界气象组织执行委员会决定把每年3月23日定为世界性纪念日，要求各成员国每年在这一天举行庆祝活动，并广泛宣传气象工作的重要作用。每年世界气象日都有一个中心活动内容，各成员国在这一天可根据当年的中心内容，开展多种形式的宣传和纪念活动，如组织群众到气象台站参观访问，举行有政府领导人参加的群众庆祝仪式，举办气象仪表装备、照片、图表和资料的展览，举行记者招待会，放映气象科学电影，发行纪念邮票等。

地球一小时：

"地球一小时"是世界自然基金会（WWF）应对全球气候变化所提出的一项倡议，希望个人、社区、企业和政府在每年3月最后一个星期六20：31～21：30熄灯一小时，来表明他们对应对气候变化行动的支持。

世界地球日（4月22日）：

1969年美国威斯康星州参议员盖洛德纳尔逊提议，在美国各大学校园内举办环保问题的讲演会。不久，美国哈佛大学法学院的学生丹尼斯海斯将纳尔逊的提议扩展为在全美举办大规模的社区环保活动，并选定1970年4月22日为第一个"地球日"。

国际生物多样性日（5月22日）：

《生物多样性公约》于1993年12月29日正式生效，为纪念这一有意义的日子，联合国大会通过决议，从1995年起每年的12月29日为"国际生物多样性日"。2001年5月17日，根据第55届联合国大会第201号决议，国际生物多样性日改为每年5月22日。

世界无烟日（5月31日）：

1987年世界卫生组织把5月31日定为"世界无烟日"，以提醒人们重视香烟对人类健康的危害。

世界环境日（6月5日）：

1972年6月5日～16日，联合国在斯德哥尔摩召开人类环境会议来自113个国家的政府代表和民间人士就世界当代环境问题以及保护全球环境战略等问题进行了研讨，制定了《联合国人类环境会议宣言》和109条建议的保护全球环境的"行动计划"，提出了7个共同观点和26项共同原则，以鼓舞和指导世界各国人民保持和改善人类环境，并建议将此次大会的开幕日定为"世界环境日"。1972年10月，第27届联合国大会通过决议，将6月5日定为"世界环境日"

世界防治荒漠化和干旱日（6月17日）：

由于日益严重的全球荒漠化问题不断威胁着人类的生存，从1995年起，每年的6月17日被定为"世界防治荒漠化和干旱日"。

国际保护臭氧层日（9月16日）：

1987年9月16日，46个国家在加拿大蒙特利尔签署了《关于消耗臭氧层物质的蒙特利尔议定书》，开始采取保护臭氧层的具体行动。联合国设立这一纪念日旨在唤起人们保护臭氧层的意识，并采取协调一致的行动以保护地球环境和人类的健康。